Über das Buch

Die Lust am Meer ist noch gar nicht so alt, sie bildete sich erst im 18. Jahrhundert heraus, als Küsten zu beliebten Ausflugszielen wurden und Muscheln, Seesterne und Algen die Sammelleidenschaft eines wissbegierigen Bürgertums entfachten.
Von hier aus beginnt Bernd Brunner seine Suche, die uns zu Tiefseepionieren, den ersten Aquaristen-Vereinen, maritimen Bestsellern und in bürgerliche Wohnstuben führt, in denen die *Ozeane en miniature* zum Hype des 19. Jahrhunderts werden.
Aquarien faszinieren uns bis heute. Mit seiner sorgfältig recherchierten Geschichte zeigt Bernd Brunner, warum wir sie so lieben – und weshalb unsere Sehnsüchte jenen des 19. Jahrhunderts so ähneln.

BERND BRUNNER

WIE DAS MEER NACH HAUSE KAM

DIE ERFINDUNG DES AQUARIUMS

HarperCollins

Die Originalausgabe von
»Wie das Meer nach Hause kam. Die Erfindung des Aquariums«
erschien 2003 im Transit Verlag, eine überarbeite Taschenbuchausgabe
2011 im Verlag Klaus Wagenbach, Berlin.
Bei der vorliegenden Ausgabe handelt es sich um eine
aktualisierte Neuausgabe der beiden Vorgängertitel.

1. Auflage 2025
Neuausgabe

Valentinskamp 24 · 20353 Hamburg
info@harpercollins.de
Gesetzt aus der Arno Pro
von GGP Media GmbH, Pößneck
Druck und Bindung von Friedrich Pustet, Regensburg
Printed in Germany
ISBN 978-3-365-00900-0
www.harpercollins.de

INHALT

»ES GIBT IDEEN, DIE TRÄUMEN.«

— GASTON BACHELARD, *POETIK DES RAUMES*

EINTAUCHEN

»In einem Aquarium geht der Neuling suchend und sinnend umher, man sieht's ihm an, dass es in seinem Innern kocht und arbeitet; vor lauter Suchen bringt er es zu keinen behaglichen Genüssen, ja, man verzeihe mir den Ausdruck, er sieht so dumm drein wie jemand in einer Gesellschaft, wo eine ihm fremde Sprache gesprochen wird.«

Was der schwäbische Arzt und Naturwissenschaftler Gustav Jäger, der 1860 in Wien eines der ersten öffentlichen Meerwasseraquarien auf dem europäischen Kontinent errichtete, beschreibt, dürfte für den Aquarienbesucher von heute kaum nachzuvollziehen sein. Man darf nicht unterschätzen, wie viel wir mittlerweile über die Unterwasserwelt wissen: Wir kennen die Filme von Jacques Cousteau und seinen zahllosen Jüngern, sind von Kindesbeinen an im Aquarium gewesen, haben den Trickfilm *Findet Nemo* gesehen und fliegen vielleicht sogar zum Schnorcheln und Tauchen ans Rote Meer oder in die Karibik.

Anders um 1850: Man weiß das eine oder andere vom Hörensagen über das Meer, aber kaum jemals aus eigener Anschauung. Die Vorstellung von den Tieren wird bis zu diesem Zeitpunkt fast ausschließlich von denen des Festlandes bestimmt. Das Aquarium bringt das Meer, diese fremde Welt und einige seiner seltsam erscheinenden Wesen nach Hause und konfrontiert die Menschen mit diesen nicht so schnell einzuordnenden Kreaturen. Die beim Anblick einer Meeresanemone oder Koralle gestellte Frage: »Ist das ein Tier oder eine Pflanze?« dürfte zu den häufigsten gezählt haben, die Aquariumsführer immer wieder zu beantworten hatten. Kein Wunder also, wenn sich die Neugierigen vor den Aquarien, so Gustav Jäger, »förmlich abmühten und mit ihren hergebrachten Vorstellungen kämpften.« In seinem Protokoll von Erfahrungen mit Besuchern im Aquarium schreibt er weiter:

> »Es sind mir Fälle vorgekommen, wo gebildete Leute, weil zufällig die erklärende Person abwesend war, nach längerem planlosem Laufen von einem Gefäß zum anderen weggingen und außen an der Kasse ärgerlich fragten: Ja, was sieht man denn eigentlich da drin?«

Bei der Begegnung mit dem Fremden, Ungewohnten mischen sich Furcht und Neugier. Einerseits wollte der Zuschauer sehr wohl etwas Neues sehen, gleichzeitig fürchtete er sich davor, wehrte ab und wollte es gar nicht wahrhaben. Gustav Jäger war schließlich in seinen pädagogischen Qualitäten gefordert und lieferte Erklärungen zu den bisher ungesehenen Lebensformen im Wasserbecken. Das tat seine Wirkung: Er konnte beobachten, »wie zuerst das Verständnis aufdämmerte, wie es dann einer Art von unheimlichem Staunen wich und dies zum Schluß einer freudigen Bewunderung Platz machte.« Diese Bewunderung erschöpfte sich nicht so schnell. Gerade bei Menschen, deren erste Reaktion von Unverständnis geprägt war, konnte der Naturwissenschaftler beobachten, wie sie »immer und immer wieder« kamen, »um sich die Sache von neuem anzusehen.«

In diesem Buch geht es nicht um praktische Ratschläge, wie man ein Aquarium betreiben sollte. Hinweise, mit welchen farbigen, gestreiften oder phosphoreszierenden Fischen Sie besonders beeindrucken können, werden Sie vergeblich suchen – dafür gibt es schon Hunderte von Fotobüchern. Es geht vielmehr um ein bisher kaum untersuchtes Thema: die Erfindung und Geschichte des Aquariums. Exemplarisch und meist chronologisch werden eine ganze Reihe wichtiger und kurioser Aspekte aufgegriffen:

Wie entsteht die faszinierende Idee, die exotische Welt des Meeres in einem kleinen Becken zu simulieren, zu bestaunen und genau zu beobachten?

Seit wann gibt es Aquarien?

Wer hat es erfunden?

War das Aquarium Zeitvertreib, Wissenschaft oder Geschäft?

Wie erklärt sich die plötzliche und begeisterte Aufnahme dieser Idee und ihre Popularität bis heute?

Die Mannschaft des französischen Kriegsschiffs
Alecton bei ihrem Versuch 1861, einen riesigen
Tintenfisch zu fangen

ERSTE SPUR

DAS GEHEIMNIS DES MEERES

Das Aquarium hat in seiner Entwicklung einiges mit den Menagerien, den Vorläufern der Tiergärten und Zoologischen Gärten, gemeinsam. Aber anders als bei den Wasser- und Meerestieren spricht man dort oft von Zähmen und Domestizieren, weil die Tiere sich den Menschen oft instinktiv widersetzen. Entspricht die Haltung von Tieren ferner Länder dem Wunsch, einen Hauch von Exotik und Wildheit einzufangen, steht die Erfindung und Verbreitung des Aquariums zuallererst in einem engen Zusammenhang mit dem Wunsch, das Meer kennenzulernen. Diese Lust am Meer ist noch gar nicht so alt, sie bildete sich erst im 18. Jahrhundert heraus. Vorher war das Meer »eine Art Tabu und Ort der Angst par excellence« (Jean Delumeau).

Über Jahrhunderte hinweg hatten von der Antike inspirierte Wissenschaftler und die Berichte der Seefahrer das kollektive Imaginäre mit düsteren Stoffen beliefert. Zwar galt das Meer als Ursprung des Lebens, aber immer auch als Ort von Angst, Tod

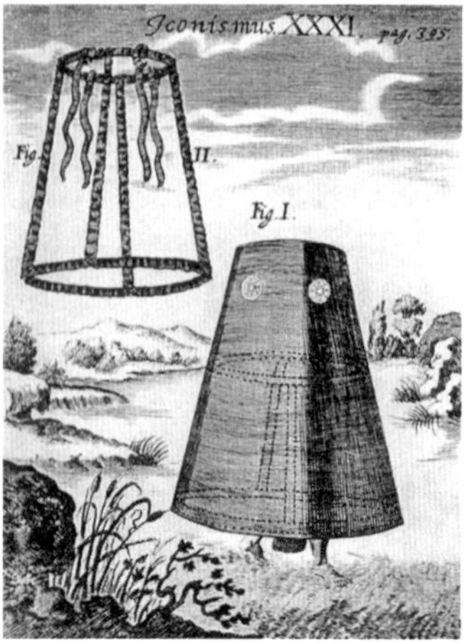

Diese Konstruktion aus Leder und Metall zählt zu den ersten dokumentierten Taucher-»Helmen«, 17. Jahrhundert

und Wahnsinn. Die Fluten waren ein verdammtes Reich der Finsternis, in dem sich Monster von abenteuerlicher Gestalt gegenseitig das Leben zur Hölle machen und alles verschlingen.

Auch wenn furchterregende Vorstellungen nicht ganz verschwinden – denken wir an die häufig noch im 19. Jahrhundert von Malern aufgegriffenen Schiffbrüche oder an die Angst vor dem Versinken im Schlick des Wattenmeers –, ändert sich das Bild: Naturforscher und Schriftsteller bringen den Meeresküsten viel mehr Interesse entgegen. Dazu gehört auch, dass der Strand als Ort, an dem es sich aufzuhalten lohnt, »erfunden« wird, wie der französische Kulturhistoriker Alain Corbin in seiner Untersuchung *Meereslust* gezeigt hat. Studien über die heilsamen Wirkungen des Meerwassers unterstützen die Gründung von Badeorten an den Küsten – erst in England, etwas später in Deutschland und in Frankreich. Dass das Meer dann oft mit der neuen Eisenbahn schon in ein paar Stunden zu erreichen ist, beschwerliche Reisen über Stock und Stein mit der Kutsche nicht mehr erforderlich sind, trägt einen wichtigen Teil zur Beliebtheit der Meeresküsten bei.

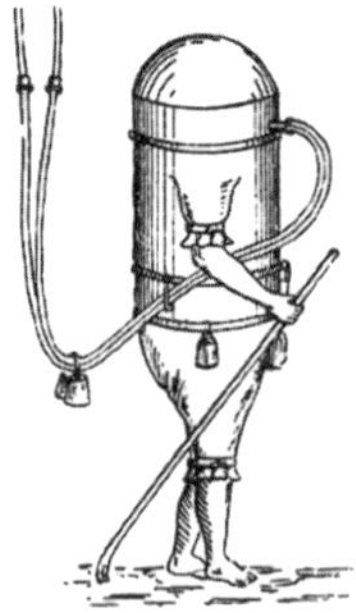

Ein Vorläufer der neuzeitlichen Taucheranzüge zu Beginn des 19. Jahrhunderts

Mit der zunehmenden Annäherung an das Meer schlägt die frühere Furcht vor einem als trügerisch, wüst und einsam gedeuteten Ozeans sogar häufig in das Gegenteil um. So ist er etwa für den Biologen und Mitbegründer der Zelltheorie Matthias Jacob Schleiden (*Das Meer*, 1867) »nicht mehr das öde Naß, das nur hin und wieder ein einsamer Leviathan durchstreift« und überhaupt nur noch für den »›unverantwortlich‹ Unwissenden ein Gegenstand der Furcht.« Und noch mehr: »Gegen die Erde gehalten, ist das Meer die Welt der Fruchtbarkeit gegen die Welt der Sterilität.«

Zwar werden die Küsten und Meeresoberflächen immer mehr erschlossen, aber die Unterwasserwelt und vor allem die Tiefsee behalten ihre Geheimnisse noch geraume Zeit für sich. Lange scheitern Anstrengungen, Licht in das Dunkel der Meerestiefen zu bringen, an technischen Problemen. Im ersten Drittel des 19. Jahrhunderts liegt der Schwerpunkt noch auf physikalischen und chemischen Untersuchungen: Man misst die Temperatur, den Salzgehalt und die Dichte des Meerwassers und versucht die Prinzipien zu verstehen, nach denen die Wellenbildung funktioniert. Um 1830 lässt dieses Interesse nach, und viele Physiker wenden sich den Feldern Meteorologie und Erdmagnetismus zu. Andererseits beginnen nun die Biologen vermehrt, Bootsfahrten auf das Meer zu unternehmen und mit Hilfe von Fischern Meerestiere zu sammeln. Dabei geraten besonders die wirbellosen Meerestiere wie Meeresanemonen, Schwämme, Korallen, Seesterne, Würmer, Quallen und Krebse ins Blickfeld der Forscher, denn sie spielen eine wichtige Rolle für die Entwicklung der Evolutionstheorie.

Noch im 18. Jahrhundert gab allein schon der Körperbau der Meerestiere oft Rätsel auf. So sollen französische Forscher beim

Akrobaten und Tintenfische –
ein erstaunlicher anatomischer Vergleich

Ringen um Verständnis Parallelen zwischen den Bewegungen von Tintenfisch und Akrobaten gezogen haben.

Die Kenntnisse über das Leben in der Tiefe erweitern sich, ihre Deutung wird jedoch oft von ambivalenten Gefühlen begleitet. Eine Ironie der Geschichte besteht darin, dass viele der aus der Tiefsee ans Tageslicht beförderten Lebewesen die Ahnungen früherer Zeiten zu bewahrheiten scheinen, denn sie sehen den Vorstellungen, die man sich von den Monstern der Tiefe gemacht hat, gar nicht so unähnlich.

So schreibt William Marshall in *Die Tiefsee und ihr Leben* (1888) über den Echten Pelikanaal:

»Jenes seltsame Monster, das in einer Gestalt Löffel und Trichter vereinigt, wird auf dem Boden kaum mehr als kriechend dahinschlängeln können; es wird im Schlamme versteckt ruhen und sein offenes, fast zahnloses Maul aus demselben herausstreckend, geduldig warten, bis ein Schlachtopfer der Scylla eines heim-

> tückisch lauernden Krustentieres entweichend, der Charybdis dieses furchtbaren Schlundes zu nahekommt und ihr zum Opfer fällt.«

Hin- und her gerissen merkt Gustav Jäger in seinem Kapitel über die *Abgründe des Meeres* zuerst an, dass es sich bei den über Tiefseefischungen entdeckten Kreaturen gerade nicht um die Drachen, Kraken und Seeschlangen der Fantasie handele und es eben nur kleine harmlose Geschöpfe seien, die sich von noch viel kleineren, nur mit dem Mikroskop zu erfassenden Tierchen ernähren. Dann jedoch schiebt Jäger die folgende Einschränkung nach:

> »Möglich, daß übrigens am Ende doch auch die Prophezeiungen der Sage in Erfüllung gehen und riesenhafte Tiergestalten der Tiefe entsteigen«, denn »je vollständiger unsre Methoden zur Untersuchung jener Seetiefen werden, umso mehr Gestalten ihr entsteigen.«

In seiner abschließenden Aussage über »die ganze Tiefseegesellschaft« erfolgt dann wieder die Bewegung zurück: »Raritätenkabinett, mehr sonderbar als schön und an ökonomischer und erdgeschichtlicher Bedeutung weit nicht hinreichend an die Welt der Strandzone und der Hochsee.«

Die Entzauberung der Tiefe wird von durchaus gemischten Gefühlen begleitet. Noch 1893 stellt Johannes Walther im Vorwort seiner *Allgemeinen Meereskunde* die Frage: »Das Fernrohr hat den Himmel entseelt, wird nicht das Tiefseelot und das Schleppnetz das Reich der Okeaniden vernichten und die harmonische Schönheit des Meeres zerstören?« Für den französischen Autor Léon Sonrel entwickelt sich das Meer zur

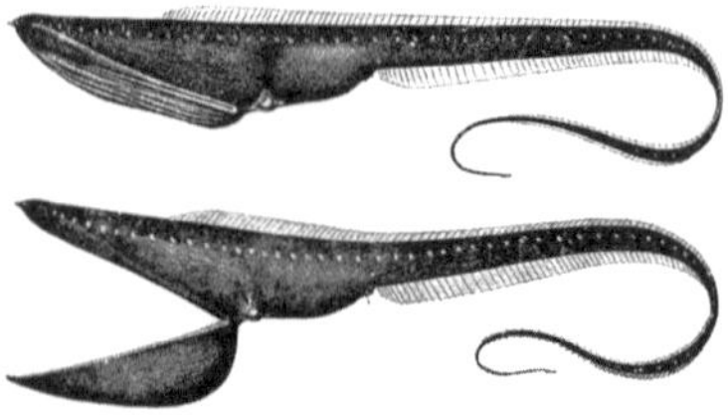
Der Echte Pelikanaal, ein Geschöpf der Tiefsee

Obsession, mit *Le Fond de la mer* (»Der Meeresgrund«) legt er 1868 ein regelrechtes Kompendium über alle erdenklichen Aspekte der Unterwasserwelt vor, das in der Fantasie in einer komplett unter Wasser gesetzten französischen Hauptstadt gipfelt. Bei vielen Schriftstellern kreisen die Gedanken gerade in den 1860er-Jahren um den Bauplan des Ozeans. Jules Michelets *Das Meer* zählt dazu, Victor Hugos *Die Arbeiter des Meeres*, und auch der fantastische Roman *Zweitausend Meilen unter dem Meer* von Jules Verne darf hier nicht fehlen. Eine andere Form der Verarbeitung von Fantasien über die submarine Welt wird das Aquarium.

Bis zur Mitte des 19. Jahrhunderts ging man noch davon aus, dass es im kalten und dunklen Abgrund der Tiefsee überhaupt kein Leben geben könne. Um 1840 will der Botanist, Zoologe und Geologe Edward Forbes die Grenze erforschen, von der an es kein Leben mehr gibt:

> »Während wir tiefer und tiefer in diese Region hinabsteigen, vermindern sich ihre Einwohner mehr und mehr, werden weniger und weniger, was ein Anzeichen dafür ist, daß wir uns einem Abgrund nähern, wo das Leben entweder erloschen ist oder nur noch ein paar Funken aufweist, die auf sein allmähliches Absterben hindeuten.«

Bis weit in das 19. Jahrhundert hinein kann sich die Auffassung halten, Meerwasser würde durch den Druck so stark komprimiert, dass es Schiffwracks und ertrunkene Seeleute in sich tragen und vor einem Absinken auf den Meeresboden bewahren könne. So schreibt 1844 ein anonymer Autor in *The Ocean, a Description of the Wonders and Important Products of the Sea,* dass in die Tiefe hinabgelassene Bleilote ab einem bestimmten Punkt einfach nicht tiefer sinken. Und weil man glaubte, das Wasser sei dort unten keinen Strömungen ausgesetzt, könne es überhaupt keinen Austausch von Nahrungsbestandteilen oder gelösten Gasen geben, also auch kein Leben.

Die 1850er-Jahre sind die Zeit der unterseeischen Telegrafenkabel. 1860 wird ein Kabel aus dem Meer gefischt, das drei Jahre zuvor zwischen Sardinien und der algerischen Küste verlegt und inzwischen beschädigt worden war. Die Hebung brachte nicht nur die Kabelreste, sondern auch zahlreiche Lebewesen mit ans Tageslicht – und das aus bis zu 3600 Meter Tiefe! Spätestens zu diesem Zeitpunkt war die Vorstellung einer leblosen Tiefsee widerlegt.

Im Laufe der Jahre wagen sich Forscher weiter auf das Meer und in immer größere Tiefen vor. Vorreiter sind England, Frankreich und Skandinavien, etwas später kommen die Vereinigten Staaten, Deutschland und Italien hinzu. In verschiedenen Ländern werden fieberhaft Tauchkapseln entwickelt. Zu denen, die sich daran versuchen, gehört auch der Konstanzer »Submarine-Ingenieur« Wilhelm Bauer. Er unterbreitet 1866 den Vorschlag zur Konstruktion einer propellerbetriebenen unterseeischen Tauchstation, die dem Funktionsprinzip einer Fischblase nachempfunden ist, denn in ihr sei das perfekte »Sink-, Steig-, Verharrungs- und Inclinations-Vermögen« angelegt. Dieses »brauchbare Instrument für Wissenschaft und Industrie« wird jedoch nie gebaut.

Legendär ist die fünfjährige Fahrt der britischen Corvette Challenger unter Charles Wyville Thomson ab 1872, deren

Ernst Haeckel: Arabische Korallen im Roten Meer, 1876

Ergebnisse 38 großformatige Bände füllen. Unter den deutschen Forschern ist vor allem Karl Möbius zu erwähnen, der schon 1869 zum Studium der Austern- und Miesmuschelzucht Reisen an die französische und englische Küste unternimmt und kurz darauf, 1871 und 1872, Mitglied der Expedition zur Erforschung der deutschen Meere mit dem Dampfer *Pommerania* wird. Bis zur richtig großen ersten deutschen Forschungsfahrt vergehen noch ein paar Jahrzehnte: 1898 wird die Deutsche Tiefsee-Expedition genehmigt und das Schiff *Valdivia* auf eine neunmonatige Reise zum Atlantik, Indischen Ozean und Südpolarmeer geschickt.

Das Meer dringt immer stärker in das allgemeine Bewusstsein vor, und die Überzeugung wächst, dass die Auseinandersetzung damit von hohem Nutzen ist – wirtschaftlich wie intellektuell. Umgekehrt hilft das den Forschern, Unterstützung für kostspielige Expeditionen zu bekommen.

ZWEITE SPUR

KAMMERN, KÄSTEN, BOXEN

Gegenstände der Natur gewinnen mit den Wunderkammern und Raritätenkabinetten der Renaissance einen ganz neuen Status. Einbalsamierte Krokodile, versteinerte Eier, Pflanzen und alle möglichen interessant erscheinenden Objekte werden für ein privilegiertes Publikum ausgewählt und in Schaukästen arrangiert. Dabei gibt es einen engen Zusammenhang zu den im 14. Jahrhundert einsetzenden Entdeckungsreisen in bis dahin völlig unbekannte Regionen der Erde. Oft sind es marine Objekte wie Muscheln und getrocknete Seesterne oder Seepferdchen, die von Expeditionen mit nach Hause gebracht werden und mit deren mysteriösen Bedeutungen sich die Gelehrten dann beschäftigen. Indem man die Objekte in Schränken, Kästen und Boxen unterbringt, sollen sie gespeichert, registriert, geordnet und erinnert werden. Ein schönes Beispiel für eine Sammlung von Gegenständen aus dem maritimen Zusammenhang ist das Korallenkabinett, das der holländische Kaufmann Levinus Vincent 1706 in seiner

Wondertooneel der Nature (»Wunderbühne der Natur«) präsentiert.

Wie Anke te Heesen in ihrem Buch *Der Weltkasten* zeigt, versucht man später, im 18. Jahrhundert, als Weiterentwicklung der Kammern und Kabinette, die Ordnung der ganzen Welt auf 468 Pappkarten mit Kupferstichen in einem 43 mal 30 Zentimeter messenden Kasten unterzubringen. Dann jedoch verabschiedet man sich bald vom Anspruch, den Makrokosmos in einer kleinen und übersichtlichen Form abbilden zu können. Die Möglichkeit, Informationen unter Schlagworten abzurufen, findet in anderen Medien, wie den Konversationslexika, ihre Fortsetzung. Später taucht der Kasten aber noch einmal aus der Versenkung auf. Diesmal ist er mit Wasser gefüllt.

Im 18. und frühen 19. Jahrhundert ziehen die Sammelleidenschaften in Europa immer weitere Kreise, eine Mode löst die nächste ab. Das Sammeln per se ist für viele Menschen erfüllende Tätigkeit – aus welchen Motiven heraus auch immer. Ist man der Objekte erst einmal habhaft geworden, haben die Augen für einige Zeit genug damit zu tun, sich an den Farben und Formen zu erfreuen. Für viele erreicht die Neugier mit dem Sammeln ihren Endpunkt und fordert keinen weiteren Erkenntnisdrang heraus. Die wissenschaftliche, analysierende Beschäftigung steht auf einem ganz anderen Blatt.

Korallenkabinett von Levinus Vincent, 1719

Zu den frühen Sammellüsten zählt die »Conchyliomanie«, die geradezu fanatische Begeisterung für das Sammeln von Muscheln, die überall im Meer vorkommen. Ab 1720 treffen sich jeden Monat sechs holländische Muschelsammler und tauschen sich über ihr Hobby aus. Sie geben sich den schönen Namen »Liebhaber von Neptuns Kabinett.«

Um 1750 kommt das Halten von Papageien, Kanarienvögeln und Ziergeflügel in Mode. Wie die Wissenschaftshistorikerin Emma C. Spary zeigt, sind Vögel bevorzugt Gegenstand weiblichen Interesses, sie stellt sogar einen Bezug zwischen den in Käfigen gehaltenen Vögeln und den eingeschränkten Bewegungsspielräumen der ans Haus gebundenen Frauen her. Frauen und Adlige gelten als »flatterhaft, mit unbändigem Geschlechtstrieb, in knalligen Farben herausgeputzt und immer auf der Jagd nach Neuem.« Für die toten Vögel dagegen, denen über das Ausstopfen ein zweites Leben eingehaucht wurde, interessieren sich vor allem Männer.

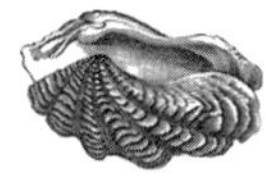

Noch etwas später kommt in England die Begeisterung für eine als »geschmackvoll« betrachtete Pflanze auf, die man am Strand sammeln kann: Seetang. Nach dem Aufnehmen in frischem Wasser gewaschen, wird das federartige Grün noch feucht in kleinen Schachteln verstaut. Besonders den Damen der eleganten Gesellschaft, die den neu entdeckten Spezies dann oft auch ihren Namen geben, kommt dieses mit wenig Aufwand verbundene Hobby gerade recht. Es bietet unverfängliche Zerstreuung, außerdem gehe die »Jagd« nach Objekten wie Muscheln und Seetang, wie es eine zeitgenössische englische Zeitschrift formuliert, ohne Grausamkeiten vonstatten, und überhaupt seien sie so prächtig sauber und für das Boudoir eine perfekte Zierde. Manche arrangieren auch Korallen und Seegras zu kleinen Miniaturlandschaften auf Papier. Noch vor der Mitte des 19. Jahrhunderts ziehen Farne die Sammelleidenschaft vieler Engländer auf sich, weil sie urzeitliche Assoziationen wecken. Dabei erweitern die jetzt oft aus tropischen Gefilden importierten Sorten das Sortiment. Entscheidend für das Überleben der Pflanzen auf langen Reisen ist der Transport in mehr oder weniger luftdichten Glasbehältern.

Geisha mit Goldfischglas, 19. Jahrhundert

DRITTE SPUR

HAUS-FISCHE

Versuche, Fische zu Beobachtungszwecken in Wasserbehältern in der Nähe des Hauses zu halten, gehen weit in die Vergangenheit zurück. In Lykien, im Südwesten der heutigen Türkei, gibt es schon einige Jahrhunderte vor Christi Geburt Heilige Fische, die mit Flötenspiel an den Wasserspiegel gelockt und über die Zukunft »befragt« werden. Seher beobachten die Fische dabei, wie sie sich gegenseitig verfolgen, voreinander fliehen und dann plötzlich erneut erscheinen, und ziehen – ähnlich den Vogeldeutern anderer Kulturen – ihre Schlüsse daraus, als wären sie im Besitz einer Geheimwissenschaft. Man hält sich auch Orakel gebende Fische: »Wenn sie die vorgeworfene Speise ergriffen, bedeutete es ›Ja‹, wenn sie dieselbe aber mit den Schwänzen weg schlugen, so prophezeiten sie einen schlimmen Ausgang.«

Ein regelrechtes Wunderwerk von einem Fischteich, in den man Flüsse und Bäche hineinleitete, soll es in der sizilianischen Stadt Agrigent gegeben haben. Fast alle Villen am Meeresrand sind während der römischen Kaiserzeit mit Teichen versehen,

»Dorade de la Chine«

die mit Meerwasser gespeist werden. Auch im Palast des Caligula auf dem Palatin soll es einen davon gegeben haben. Und Aale werden regelrecht verehrt. Der römische Dichter Rutilius Namatianus erzählt von den Fischteichen eines Juden an der etrurischen Küste: »Sie befanden sich an einem Haine. Lustig konnten die Fische innerhalb der Vivarien spielen in den beruhigten Wogen der eingeschlossenen Brandung.« Wohlgemerkt sind alle diese Fische in Wasserbecken, oft aus Marmor, vor dem Haus untergebracht. Erst die Seebarbe, deren Gewicht zunächst in Silber, später dann in Gold aufgewogen wurde, gelangte im kaiserlichen Rom tatsächlich ins Innere des Hauses. Unter den Polstern der Gastlager soll es dafür kleine Becken gegeben haben. Etwa fünfzig Jahre nach Christus werden Glasscheiben nach Rom, Herculanaeum und Pompeji gebracht, mit denen man eine Wand der Marmorbecken ersetzt; nun kann man das Leben und Treiben der Fische wirklich sehen und nicht mehr nur von oben die schemenhaften Bewegungen erahnen.

Goldfische spielen schon im China des 10. Jahrhunderts als Haustiere eine Rolle, später sollen sie innerhalb der herrschenden Schichten des Landes überall zur Mode geworden sein. 1369 habe der Kaiser Hung-Wu eine Porzellanmanufaktur gegründet, in denen große, mit Drachen und Wolken verzierte

Kübel für Fische und Wasserpflanzen gebrannt wurden. Ihre Form ist zunächst halbtonnenförmig, ab 1700 auch halbkugelig und oben mit einem umgebogenen Rand versehen. Damit nähert sich die Gestalt dieser Behälter den bis heute bekannten Goldfischglocken an. Vermutlich zusammen mit solchen Drachenkübeln soll der Goldfisch im Jahre 1611 nach Europa, angeblich zuerst nach Portugal, gekommen sein. 1691 wird er auch in England gesichtet.

Noch 1750 habe das von der französisch-ostindischen Kompanie an Marquise de Pompadour überreichte Präsent einer »Dorade de la Chine« erhebliches Aufsehen erregt. Das Geschenk war sehr passend, denn »Fische« waren das Sternzeichen der Pompadour. Der Siegeszug dieses Fisches in Europa ähnelt dem des Kanarienvogels, der sich, wie der Kenner des Goldfisches, Ernst Bade, 1894 schreibt, über »die ganze gebildete Welt« verbreiten konnte. Beliebt ist er besonders in klimatisch begünstigten Gefilden: In Italien und Südfrankreich etwa »konnte man [die] nur in der Gefangenschaft auftretende Goldfärbung der Fische bereits im ersten Sommer erzielen, während die deutschen Züchter mit zwei Sommern rechnen mußten«, merkt Franz Kuhn in *Der kleine Goldfischteich* an.

»LUST UND FLEISS«

PIONIERE

Bevor der Goldfisch nach Europa kommt, soll es schon Versuche mit der Haltung von Fischen in Glasgefäßen gegeben haben. So heißt es, der Kurfürstlich Brandenburgische Leibarzt Leonhart Thurneysser zum Thurn habe um 1572 eine kuriose Glaskugel anfertigen lassen, in deren Inneren ein Vogel saß, während außen herum muntere Fische schwammen.

Rund einhundert Jahre später, 1666, verfasst der Straßburger Leonhard Baldner sein berühmtes *Vogel- Fisch- und Tierbuch*. Baldner war durch »Lust und Fleiss zum fischen und schiessen« zum Forscher geworden und beauftragt einen Maler, von allen erreichbaren Wassertieren Bilder anzufertigen. Um Schlammbeißer und Tritonen längere Zeit beobachten zu können, bringt Baldner sie in Gefäßen unter: »In grossen weiten Gläsern, darin Wasser und rother Sand.«

Noch ungelöst ist die Frage, wie Tiere wirklich dauerhaft fernab von See, Fluss und Meer gehalten werden können. Der Engländer Richard Bradley sieht 1721 einen möglichen Grund, weshalb das nicht gelingt, in der Bewegungslosigkeit des Wassers, und schlägt vor, auf dem Niveau des Meeres kleine Teiche anzulegen, die von den Gezeiten gespeist und mit Hilfe zweier Wasserräder in Bewegung gehalten werden. Bradley bringt auch die Idee ins Spiel, den Teil eines Baches durch einen kleinen Damm abzutrennen und das Wasser in diesem Bereich zu salzen. Ihm sei ein Fall bekannt, wo eine Meeresschildkröte auf diese Weise habe lange überleben können.

1797 erscheint in Gotha ein gut dreihundert Seiten umfassendes, mit einem Pfeife rauchenden Affen illustriertes kleines Buch mit dem Titel *Naturgeschichte der Stubenthiere.* Verfasser ist der Zoologe und Forstwissenschaftler Johannes Matthäus Bechstein, Onkel des Märchen- und Sagenschriftstellers Ludwig Bechstein. In seinem Buch ist neben den Säugetieren und Insekten der »Kenntniß und Wartung« von Fischen ein kleines Kapitel gewidmet:

> »Es giebt ja wohl der Leser mehrere, welche … sich das angenehme Vergnügen machen, eine Amphibie und einen Fisch, ja ein Insect oder einen Wurm, der die Stubenluft verträgt, zu beobachten, und welche so nach Geschmack am Studium der Natur finden.«

Johannes Matthäus Bechstein behandelt den »Goldkarpfen« und den Wetterfisch. Bei Ersterem handelt es sich um den Goldfisch, der »theils in Teichen und Bassins in Gärten, theils in gläsernen oder porcellainen Gefäßen … als Augenweide gehalten wird.« Um die Bewegungen studieren zu können, so empfiehlt Bechstein, wählt man: »große gläserne Kugeln, welche oben eine Öffnung haben, die weit genug ist, daß diese Thiere

Titelblatt *Naturgeschichte der Stubenthiere*

gemächlich Athem schöpfen können, aber auch so enge, daß sie nicht herausspringen.« Im Sommer solle das Wasser zweimal pro Woche ausgetauscht werden, im Winter reiche es alle acht bis vierzehn Tage. Zu ihren Eigenschaften zähle ein gutes Gehör und in China, so erläutert Bechstein weiter, hänge an jedem Gefäße ein Pfeifchen, mit welchem die Fische »die Frauenzimmer, denen sie dort eben so wie bei uns viel Vergnügen machen, zur Fütterung auf die Oberfläche derselben rufen.«

Als nicht minder begabt gilt der Wetterfisch, über den Bechstein schreibt, er könne einen Laut von sich geben. Er funktioniert wie ein lebendes Barometer: »Bei bevorstehendem Regen oder Gewitter wird er allemal unruhig, macht das Wasser trübe und kommt auf die Oberfläche desselben, da er sonst immer tief unten auf dem Boden sitzt.« In einem großen, zu etwa einem Drittel mit Schlamm und Sand gefüllten Zuckerglas halte sich der Wetterfisch viele Jahre, vorausgesetzt man versehe ihn »im Sommer die Woche zweimal und im Winter einmal mit frischem Wasser und Schlamm.« Im Winter verlange er ein geheiztes Zimmer und eine Stelle nahe am Fenster.

Zu den Forschern, bei denen sich ein deutlicherer Bezug zum späteren Meerwasseraquarium rekonstruieren lässt, gehört die Französin Jeannette Power de Villepreux. Power forscht um 1830 im sizilianischen Messina über den Argonauten, auch Papiernautilus oder Perlboot genannt, jene »lebenden Rätsel«, die ein nach dem Lochkameraprinzip arbeitendes Auge ohne Linse besitzen. Jene »weiblich schüchter-

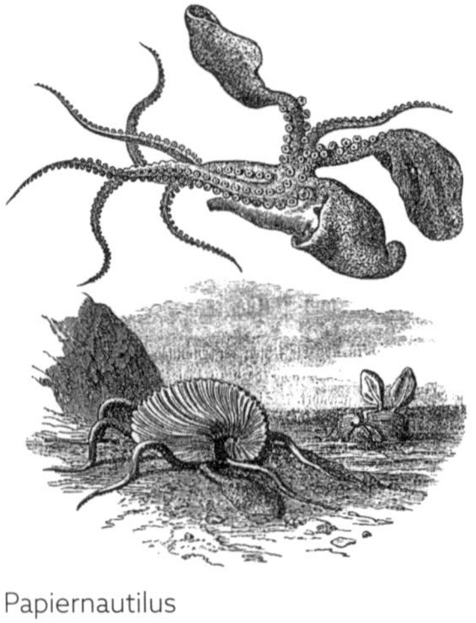

Papiernautilus

nen« Tiere, die, wie Matthias Jacob Schleiden schreibt, einsam oder »zu einer kleinen Damengesellschaft vereinigt« auf dem Meer schwimmen, »aber bei jeder Annäherung eines Fremden, bei jeder heftigeren Bewegung der Wogen sich furchtsam in ihre Schale zurückziehen, dieselbe umdrehen und in die sichere Tiefe des Neptunschen Reiches hinabsinken.«

»Cages à la Power«

Jeannette Power lässt Holzkästen bauen, in denen sie die Tiere verstaut, die ihr die Fischer bringen oder die sie selbst gefangen hat. Diese versenkt und verankert sie im Meer – sogenannte Cages à la Power. So weit klingt es, als ob das »Aquarium« eher ins Meer versenkt wird, als dass es nach Hause kommt. Aber in zwei weiteren Schritten ändert sich das: Über eine speziell konstruierte Vorrichtung versenkt sie die genannten Kästen und auch Glasbehälter ins Meer, die sie dann wieder hochzieht. Das erleichtert die Beobachtung. Und in einem direkt am Meer gelegenen Haus legt Madame Power ein Labor an, wo sie einen Holzkasten aufstellt. Mit Hilfe einer Pumpe und einem Gummischlauch leitet sie Meerwasser in den Kasten ein, das über einen zweiten Schlauch wieder aus dem Behälter herausgepumpt wird – ein kleines Kreislaufsystem.

Der Direktor des Londoner British Museum, Richard Owen – er formte den Begriff »Dinosauria« für prähistorische Reptilien –, weiß von den Versuchen der Madame Power und schreibt ihr 1858 das Verdienst zu, das Aquarium erfunden und sein Potenzial systematisch für ihre Studien erschlossen zu haben. Madame Power ist die einzige Person, die später selbstbewusst von sich behaupten wird, sie habe die Aquarien erfunden. Bis zum Ende des 19. Jahrhunderts gilt sie amerikanischen Feministinnen nicht nur als Begründerin der Aquaristik, sondern auch als Paradebeispiel einer langen Traditionslinie von erfolgreichen Erfinderinnen. Noch 1991 wurde ihr ein fernes Denkmal gesetzt: Ein Krater auf der Venus trägt seitdem ihren Namen.

Den Behauptungen von Jeannette Power und Richard Owen zum Trotz ist das Aquarium damit jedoch noch nicht erfunden, denn noch fehlt die Erkenntnis, wie ein weitgehend selbstgenügsames, aus Pflanzen und Tieren geschaffenes Ganzes funktionieren kann.

In den späten 1830er Jahren spitzen sich die Dinge weiter zu: So soll der französische Zoologe Felix Dujardin um 1838 ein Meerwasseraquarium besessen haben, ohne noch den Begriff dafür benutzt zu haben – eine »Erfindung«, von der andere Forscher zu diesem Zeitpunkt nichts wussten oder nichts wissen wollten. Vielleicht auch, um sich selbst als Erste präsentieren zu können, die das zuwege gebracht haben. 1842 schreibt ein gewisser Dr. Johnston in seiner *Geschichte der britischen Schwämme und Lythophyten* von Gläsern, in denen er kleine Korallen, einen Seestern und Muscheln zwei Monate lang aufbewahrte.

1846 bringt die britische Meeresbiologin Anna Thynne einige Steinkorallen aus Torquay an der südenglischen Küste in einem mit Meerwasser gefüllten Tonbehälter in ihre Londoner Wohnung, um sie näher zu untersuchen. Anfänglich tauscht sie das Wasser der beiden Glaskugeln jeden zweiten Tag aus, aber bald gehen die sechs Gallonen Meerwasser zur Neige. Anna Thynne entschließt sich, das gebrauchte Wasser erneut zu verwenden, nachdem sie es eine Dreiviertelstunde vor einem offenen Fenster in einem Behälter hin- und hergeschwenkt hat. Nach dieser Methode können die Korallen über das aufgefrischte Wasser zunächst weiter mit Sauerstoff versorgt werden. Anna Thynne habe das Schwenken der Gläser dann an ihre Magd delegiert, was dieser sogar eine gewisse Freude bereitet haben soll – Abwechslung ist rar gesät in dieser

Korallen

Zeit. Nach der Rückkehr von einer Reise herrscht Chaos im Hause: Die Tiere haben sich, wie es ihre Art ist, nichtgeschlechtlich durch Teilung vermehrt und die Hausangestellten damit in Panik versetzt. Sie unternehmen verzweifelte und hilflose Versuche, um zu verhindern, dass sie noch weiter »in Stücke gehen«, indem sie diverse Steine im Becken verteilen.

Der Chirurg Nathaniel Bagshaw Ward entdeckt in den frühen 1830er-Jahren, dass empfindliche Pflanzen wie Farne gut in Glasbehältern gedeihen, die fast luftdicht geschlossen werden. Das Mikroklima, das sich darin stabilisieren kann, macht die Pflanzen weitgehend unabhängig von äußeren Temperaturschwankungen und Schadstoffen – Letzteres ist für Ward, der mitten in Londons Dockland lebt, ein wichtiger Faktor. Zudem ist dabei kaum neues Wasser notwendig, weil sich das verdunstende Wasser an den Glaswänden niederschlägt und wieder neu von den Pflanzen aufgenommen wird. Diese kleinen Gewächshäuser gehen bald in die Produktion – sie fungieren überall dort als Miniaturgärten, wo es »schlechte oder gar keine Aussicht gibt« und sich der Züchter kein eigenes »Hothouse«, also ein ausgewachsenes Treibhaus, leisten kann. Schon 1836 schlägt Ward vor, das Prinzip seines Behälters auf tropische Tiere zu übertragen, und um 1841 bestückt er einen Behälter in seinem großen Farn-Gewächshaus mit Wasserpflanzen und Zierfischen. Und, siehe da: Ohne dass ständig neues Wasser hinzugegeben werden muss, floriert es.

Der Dokumentation für die Wissenschaft und der weiteren Verbreitung dieser Erkenntnisse nehmen sich andere an. Einer von ihnen ist Robert Warington, Mitglied der Londoner Chemischen Gesellschaft, der sich systematisch mit dem Zusammenwirken tierischer und pflanzlicher Organismen beschäftigt. Nach isolierten Versuchen mit Pflanzen in »Wardian cases« experimentiert Warington im Mai 1849 mit einem rund fünfzig Liter fassenden Behälter. Die Füllung: Quellwasser, etwas Schlamm, ein paar Steine, zwei Goldfische, eine Pflanze mit dem Namen »gewöhnliche Wasserschraube« und einige Exemplare der Spitzschlamm- oder Gartenteichschnecke als »Arbeiter für die Renovierung.« Seine Ergebnisse über die Selbstgenügsamkeit dieses Biotops veröffentlicht Warington 1850 in einem kurzen Aufsatz in der Zeitschrift der Chemischen Gesellschaft. Darin beschreibt er die Kombination von vorher separat gewonnenen Erkenntnissen: Tiere nehmen Sauerstoff auf und atmen Kohlendioxid aus. Bei den Pflanzen verhält es sich umgekehrt: Sie nehmen Kohlendioxid auf und geben unter Lichteinwirkung Sauerstoff ab –

»Wardian Case«

das Prinzip der Photosynthese. Weil die Fische Insekten und kleine Schnecken fressen, scheiden sie Abfallstoffe aus, die auch den Pflanzen nutzen. Zudem können sich kleine Wasserschnecken von den störenden Algen ernähren, die sich in den Becken bilden. Ein perfektes Gleichgewicht, ein aquaristisches »Perpetuum mobile«!

Industriell gefertigtes Glas, eine wichtige Voraussetzung für die weitere Verbreitung transparenter Behälter, ist inzwischen leicht verfügbar und – nach der Abschaffung der Glassteuer in England 1845 – auch deutlich billiger. Das Symbol schlechthin für die industrielle Produktion von Glas und Stahl ist der 563 Meter lange und 124 Meter breite Kristallpalast auf der ersten Weltausstellung 1851 in London, der aus vorgefertigten und standardisierten Bauteilen von 2000 Arbeitern in sieben Monaten zusammengesetzt wird.

Schmarotzerrose aus Gosses Buch *The Aquarium*

»EIN STARKES, INTENSIVES VERLANGEN«

DER PROPAGANDIST

Die weitere Verbreitung der Erkenntnisse über das Zusammenwirken von Tier und Pflanze im Glasbehälter ist Philip Henry Gosse zu verdanken. Von ihm wird auch das Wort »Aquarium« als Bezeichnung für einen mit Meerestieren und Pflanzen gefüllten Glasbehälter zuerst benutzt. Als Gosse sein 1853 veröffentlichtes Buch *A Naturalist's Rambles on the Devonshire Coast* (»Die Streifzüge eines Naturkundlers an der Küste von Devonshire«) schreibt, taucht dort der Begriff des »Meeresvivariums« auf, aber auch schon »Meeresaquarium« (Marine aquarium). Ein Jahr später sind die Würfel für die letztere Variante gefallen. Nun erscheint *The Aquarium. An Unveiling of the Wonders of the Deep Sea* (»Das Aquarium. Die Enthüllung der Tiefseewunder«). Gefällig, ausdrucksstark, leicht auszusprechen und zu erinnern soll das Wort sein. »Vivarium« für einen Behälter hauptsächlich mit Schlangen und Amphibien und »Aqua vivarium« weise schon die Richtung, aber der Begriff sitze noch nicht so recht. Das Wort »Aquarium« leitet Gosse als neutrale Form von »Aquarius« ab, wohl im Wissen, dass Botaniker diesen Terminus schon länger für Behälter mit Pflanzen verwenden. Er sieht darin jedoch keinen Widerspruch, nur eine vertretbare begriffliche Erweiterung. Feierlich erklärt er: »Sei das Wort Aquarium nun gewählt, um diese interessanten Sammlungen aquatischer Tiere und Pflanzen zu bezeichnen.«

Zwei Jahre später wägt der Pflanzenkundler Shirley Hibberd (»Shirley« ist seinerzeit noch ein Männername) die damals noch konkurrierenden Bezeichnungen gegeneinander ab, wobei neben den schon erwähnten auch der Begriff »Water Show« auftaucht. Er kommt zu folgendem Ergebnis:

> »Das Wasser ist es, das dieser Sammlung ihren besonderen Charakter verleiht und Wasser erinnert uns immer an unseren alten Aquarius, der uns zu einer jährlichen Durchnässung aus seinem himmlischen Wasserbehälter einlädt. Aquarius triumphierte und das hübsche Gefängnis, in dem seine kaltblütigen Gefährten vom Zeichen der Fische zum Eingesperrtsein verurteilt sind, nahm seinen Namen an. Da es nun besser ist, diesem Gebrauch zu folgen, anstatt sich ihm zu widersetzen, überlassen wir fortan den philologischen Aspekt der Angelegenheit den Gelehrten und erkennen Aquarium als Namen unserer Sammlung an.«

Wer ist nun dieser Gosse? 1810 wird er im südenglischen Poole als Sohn eines umherziehenden Miniaturenmalers geboren. Seine Eltern verfügen nur über spärliche finanzielle Mittel. Nach einer Lehre als Kontorangestellter begibt sich Gosse auf den Weg nach Neufundland, wo er im Hafen von Carbonear mit der Abwicklung von Seehund- und Kabeljauflotten zu tun hat – eine wohl nur wenig inspirierende Angelegenheit. Zu seinem Verdruss wird er dort von wilden Hunden und »von noch viel wilderen Iren« gepeinigt (dies schreibt sein Sohn Edmund viel später in der Biografie seines Vaters). Mit Anfang zwanzig ergattert er auf einer Auktion ein Exemplar des Buches *Essays on the Microscope* und verschreibt sich fortan mit ganzer Energie dem Insektensammeln. Zwei Jahre lang dokumentiert er jedes Insekt, das ihm in die Finger kommt, bevor er mit Freunden nach Kanada zieht, um dort eine Art Landkommune auf die Beine zu stellen und ein Museum mit ausgestopften Vögeln einzurichten. Die Zusammenarbeit auf der Farm missglückt, das Museumsprojekt auch, und Gosse denkt intensiv über eine Rückkehr nach England nach. Während der Reise über hartgefrorenen Boden ins klimatisch gemäßigtere Alabama, wo er für kurze Zeit als Lehrer arbeiten wird, geht sein Insektenkabinett zu Bruch – für den passionierten Sammler ein geradezu traumatisches Ereignis, zumal ihm nicht einmal mehr die Chance gegeben wird, den Kasten wieder in Ordnung zu bringen: der Postkutschenfahrer weigert sich, das sperrige Teil zu transportieren. Nach seiner Rückkehr nach Europa arbeitet Gosse zunächst als Lehrer in

Philip Henry Gosse, Verfasser von *The Aquarium*, 1854

Hackney, bis ihn die Aufforderung der »Gesellschaft zur Förderung des christlichen Wissens« erreicht, eine *Einführung in die Zoologie* zu schreiben. In dem knappen Jahr seiner Arbeit an diesem Buch trifft Gosse bei seinen Recherchen mit anderen Naturkundlern zusammen und beginnt, Beiträge für wissenschaftliche Zeitschriften zu verfassen. Dort bekommt er dann auch die Anregung, ein Buch über die Forschungsfahrt von Sir James Ross und dessen Entdeckung der marinen Fauna im Pazifik zu verfassen. *The Ocean* wird 1843 zur Überraschung des Verlages ein großer Erfolg und erlebt bis in die achtziger Jahre des 19. Jahrhunderts hinein viele Auflagen. Zugleich begründet es Gosses künftige Auseinandersetzung mit der Welt des Meeres. Im Herbst 1844 reist Gosse im Auftrag eines Muschelsammlers nach Jamaika. Der Auftraggeber erhält die Muscheln und finanziert dafür Gosse seine Reise. Auch die drei daraus hervorgehenden Bücher werden ein Erfolg, Gosse ist jetzt eine wichtige Stimme unter den publizierenden Naturkundlern seiner Zeit. Nach seiner Rückkehr, im Alter von sechsunddreißig Jahren, wird er Mitglied der Mikroskopischen und der Linnaeus-Gesellschaft. Schreiben wird für den Autodidakten zum Lebensunterhalt.

Wieder in England, wendet sich Gosse intensiv der Religion zu. Inzwischen hat er auch die christliche Sekte der Plymouth Brüder (Plymouth Brethren) kennengelernt. Emily Bowes, die seine Frau wird, ist den Brüdern bereits als Verfasserin von Gospeltraktaten eng verbunden. Das Leben wird von der Eintönigkeit endlos erscheinender Gebete bestimmt. Sowohl das Lesen von Romanen und Gedichten als auch der Besuch des Theaters und das Singen weltlicher Lieder sind verboten, nicht einmal Sozialkontakte außerhalb der Bruderschaft sind erlaubt. Gosse

Eine Exkursion vor der englischen Steilküste

Philip Henry Gosse am Felsenrand

befindet sich in dem fixen Glauben, dass Christus noch rechtzeitig vor seinem eigenen Ende auf die Welt zurückkehren wird. Mit enormer Energie widmet er sich einer ganzen Reihe von Buchvorhaben. Alle kreisen sie um das Leben an der Küste. Sein Sohn sieht ihn fast ständig in seinem Arbeitszimmer: schreibend, zeichnend, sezierend, mikroskopierend.

Wenn nicht am Schreibtisch, ist Gosse am Meeresufer zu Gange, wo er, in seinen schwarzen Anzug gekleidet, selig an der Flutlinie im Schlick des Wattenmeers herumstochert und oft selbst bei starker Brandung die mit Wasser gefüllten Felsbecken akribisch auf alles Lebendige hin untersucht. Gosse wird zu einer Autorität für alles, was mit der Küstenfauna zusammenhängt. Die Londoner Bürger strömen nur so zu seinen Vorträgen.

»Lasst uns die Grotten eines Miniaturozeans besuchen,
die prächtigen Seeanemonen und Würmer betrachten –
Aktinie, rosenfingrig und stets in Bewegung;
Phyllodoce, in einer Livree aus Smaragd und Gold.«
aus: *The Aquarium*

Nun, so beschreibt Gosse den Vorteil des Meerwasseraquariums, könne man sich mit den »seltsamen Geschöpfen des Meeres« bekannt machen, ohne dafür mit einer komplizierten Taucherapparatur in die Tiefen hinabsteigen zu müssen. Fast verächtlich äußert sich Gosse über einen französischen Zoologen (es handelt sich um Henri Milne-Edwards), der in einem wasserdichten Anzug, mit einer besonderen Brille und einem Atemrohr versehen, den Grund des Mittelmeeres entlangwanderte, um auf direkte Tuchfühlung mit dem unterseeischen Leben zu gelangen.

Das Aquarium ist das Ziel, auf dem Weg dorthin muss eine Vielzahl von Exerzitien vollbracht werden. Das gibt Gosse seinen Lesern implizit zu verstehen, wenn er langatmig über seine Exkursionen an die Meeresküste Bericht erstattet. Die richtige Einstimmung auf die Natur, die behutsame und respektvolle Annäherung und schließlich deren Erforschung sind für Gosse eine durch und durch religiöse Übung. Religion und Naturwissenschaft gehen Hand in Hand. Mehr noch: Die Naturkunde ist für Gosse das Mittel zum Zweck, Gott nahe zu kommen:

> »In gewisser Hinsicht bringt sie uns in die Gegenwart Gottes, sie erlaubt uns Kenntnis von Ihm und erschließt uns einige seiner wesentlichen Eigenschaften.«

Heute mag man mit einem Aquarium schöne bunte Fische, fächer- und federartige Algen assoziieren. In der Gosse'schen Pionierform findet sich darin ein erstaunliches Gemenge von Meeresfauna und -flora. Bevor es an die Sammlung der Tiere geht, gilt es Pflanzen zu sammeln, die im Behälter für Sauerstoff sorgen. Gosse empfiehlt dafür den Tag nach Voll- oder Neumond. Dann habe sich die Flut am weitesten zurückgezogen, normalerweise von Wasser bedeckte Flächen liegen frei. Die Zeit für das Sammeln des Seegrases ist gekommen:

> »Ausgestattet mit einem großen, abgedeckten Sammelkorb, einigen weit geöffneten Steinbechern, einem ähnlichen aus Glas, zwei oder drei kleineren Fläschchen, ein paar starken Hammern und derselben Anzahl von Meißeln mit Stahlspitzen, bewege ich mich zusammen mit einem Begleiter auf einige der schwarzen Felsenriffe zu, die wie lange, schlanke Zungen ins Meer hinausreichen.«

Den Spalten zwischen den rauen und scharfen Felsen, die jeder vernünftige Wanderer tunlichst vermeiden würde, gilt das besondere Interesse, denn hier verbergen sich die gesuchten Pflanzen:

> »Vom Rand heben wir die hängenden Büschel Olivengras, worauf wir die Seiten der Spalten mit den empfindlichsten und entzückendsten Arten von Seegras bewachsen vorfinden; wie zum Beispiel der geflügelten, mit schmalen, vielfach eingeschnittenen purpurrot gefärbten Blättern wachsenden *Delesseria alata* oder der federartigen *Ptilota plumosa* in matterem Rot.«

Die Pflanze muss zusammen mit einem Stück des Steines, auf dem sie wächst, entfernt werden; nur so hat sie überhaupt eine Chance zu überleben. Nach dem geschickten Einsatz des Meißels (oft auch unter Wasser!) findet jedes Gras für ein paar Stunden seine vorläufige Heimat in einem der mitgebrachten Gefäße. Noch viel mehr als bei den Pflanzen gilt es nun beim

Philip Henry Gosse, »The Ancient Wrasse« in der zweiten Auflage von *The Aquarium*, 1856

Sammeln der Tiere, im richtigen Moment das geeignete Behältnis zum Transport zur Hand zu haben. Die Aufmerksamkeit des Sammlers werde, so Gosse, permanent auf dem *qui vive* gehalten, denn häufig zeigen sich seltsame Kreaturen verschiedener Art und Form.

Von seinem Äußeren her betrachtet, ist das Gosse'sche Meerwasseraquarium schon das bekannte rechteckige Glasgefäß mit Leisten aus Birkenholz. Die Scheiben werden mit Kitt zwischen diesen Leisten eingesetzt. Das bedeutet einen gewaltigen Fortschritt, denn die geraden Glasflächen verursachen nicht mehr die bis dahin für runde Gläser typischen optischen Verzerrungen beim Betrachten des Inhalts. Den Boden des Aquariums bedeckt Gosse zuallererst mit einer isolierenden Tonschicht, mit Kieselsteinen, Sand und schließlich einigen kleinen Felsbrocken. Letztere bilden kleine Brücken und Überhänge, die den schwimmenden Wesen Schutz bieten konnten. Nachdem auch die Pflanzen hinzugefügt wurden, ergießen sich zwanzig Gallonen Meerwasser über die Miniaturlandschaft. In der Nacht beobachtet Gosse das Becken im Schein einer Kerze und sieht, wie sich schon jetzt zahlreiche winzige Muscheln und Kleinstlebewesen darin tummeln.

Am folgenden Tag kommt das eigentliche Getier hinzu: Ein Seestichling, sieben graue Meeräschen, eine Schwarzgrundel, eine Goldmaid, eine fünfbärtige Seequappe, Exemplare verschiedener Arten von Seenadeln, Meeres- und Strandschnecken, Herz- und Pfeffermuschel, zwei Seescheiden, Einsiedlerkrebse, vier Garnelen, eine Felsengarnele, drei Kalkröhrenwürmer, zwei Seedahlien, Meeresanemonen, sechs Seenelken, fünf Gänseblümchenanemonen und so weiter und so weiter. Alles in allem finden sich knapp einhundert Tiere in dem Wassertank. Zwar ist er damit noch nicht überfüllt, trotzdem dämmert es Gosse bald, dass der Sauerstoffverbrauch dessen Zufuhr übersteigt, obwohl er als Methode der »künstlichen Belüftung« zwei oder drei Gallonen Meerwasser aus einem anderen Becken in das Aquarium tropfen lässt. In der ersten Woche geht das Experiment – von einigen Attacken räuberischer Arten auf schwächere Tiere abgesehen – gut. Dann jedoch, nach etwa zehn Tagen, setzt der Verfall ein und eine Reihe von Tieren verendet. Das Wasser entwickelt einen unangenehmen Geruch, was durch einige Tiere verursacht wird, die im Schutz der Steine eingegangen sind. Nach gründlicher Reinigung des Behälters setzt Gosse sein Experiment mit der noch verbliebenen Fauna und Flora fort.

Gosse konzentriert sich in seinen Beschreibungen auf die Tiere, die das Rätselhafte der Unterwasserwelt am deutlichsten verkörpern. Um die Lebewesen anschaulich zu machen, benutzt er wiederholt Analogien aus der Welt des Festlandes, menschliche und tierische Züge und Formen überlagern sich.

Als die am großartigsten »angezogene« Kreatur von allen gilt der Meereswurm mit seinen langen seidenartigen Haaren, die ihn wie einen Pelz schmücken. Carl von Linné, der große Systematiker der Biologie, hatte ihn schon im 18. Jahrhundert als »Aphrodite« bezeichnet. Er reflektiere die Sonnenstrahlen aus den Tiefen des Meeres und zeige »genauso lebendige Farben wie die mit Edelsteinen besetzte Schleppe eines Pfaus«, schreibt Gosse. Im Aquarium mache sich der Meereswurm mit seinen ruhelosen Bewegungen und einem Wasserstrahl bemerkbar, den er alle fünfundzwanzig Sekunden mit erheblicher Kraft ausspeie. Die Brillanz der wechselnden Farben erhebe ihn zu einem Objekt der Bewunderung. Im Kerzenschein inspiziert, kommen vor allem rote und orange Spiegelungen zum

Aesop-Garnele aus: *The Aquarium*

Vorschein, tagsüber herrschten grüne und blaue vor. Mit viel Sympathie widmet sich Gosse den Garnelen, jenen »besonders angenehmen Bewohnern des Aquariums«, deren Züge er mit dem Seilflechtwerk eines ordentlich getakelten Schiffes vergleicht. Und: »Ihre Körper sind so durchsichtig, daß eine Dame, die gerade das Becken betrachtete, sie mit Geistern verglich. Eine Ähnlichkeit, die durch die sanften gleitenden Bewegungen unterstrichen wird.«

Noch einige Jahrzehnte vor Einführung des elektrischen Lichts wird die Beute wieder nachts im Schein einer Kerze betrachtet. Dabei macht Gosse die Beobachtung, »daß die Augen der Garnele das Licht ähnlich den Augen einer Katze unter diesen Bedingungen reflektieren.«

Die Unterwasserwelt ist der Ort, wo eindeutige Zuordnungen hinfällig werden und der Orientierungshorizont ins Schwanken gerät. Das Aquarium als »alter ego« der Unterwasserwelt simuliert dieses Szenario. Koralle, Seestern, Anemone, Qualle, Seepferdchen: mineralisch, tot, tierisch, pflanzlich, männlich, weiblich? Diese ungelösten Fragen und Vorstellungen vermengen sich zu einem Konvolut rätselhafter Zustände und Metamorphosen, die sich nach noch nicht bekannten Gesetzmäßigkeiten vollziehen.

Fasziniert wendet sich Gosse den Kreaturen zu, die zu Lebensgemeinschaften zusammenfinden und dann kaum noch als Individuen zu unterscheiden sind. Geradezu brisant ist die Allianz zwischen Wellhornmuschel, Einsiedlerkrebs und Meeresanemone:

> »Viele Leute, die eine Wellhornmuschel eigentlich sehr gut kennen, zögern, wenn sie die so bekannte Muschel bewohnt sehen – nicht von dem schwarz gepunkteten

Weichtier, sondern von einer Mischform aus Krebs und Hummer mit kräftigen, roten, kneifenden Klauen und langen, gelenkigen und spitz zulaufenden Beinen. Die Angelegenheit wirkt noch mysteriöser, wenn zwei Drittel der Muschel von einer dicken Masse purpurrotgefleckten Fleisches umschlossen werden, aus deren Mitte der geschäftige Krebs seinen Kopf und die Beine steckt.«

Es handelt sich also nur um die Verbindung von zwei lebenden Tieren, denn die Muschel ist nicht mehr vom ursprünglichen Mollusken bewohnt, von ihr bleibt nur die Schale. Vom Krebs behauptet Gosse, er sei der »Räuber des Meeres«, der, seinem »anstößigen Appetit« folgend, wie die Wölfe und Hyänen Lebendes und Aas verschlingt. Er vergleicht ihn mit einer Spinne, bei der sich zuweilen eine Aggression »echt russischen Typs« Bahn breche.

Die blumenartige und in den Farben ihrer Tentakeln wechselnde Meeresanemone – auch Seerose, Blumenpolyp, Klippenrose, Mittagsblume oder wissenschaftlich Aktinie genannt – hat andere Eigenschaften. Sie sitzt oft auf Steinen am Meeresboden, dehnt sich aus und zieht sich bis auf ein Zehntel ihres Umfangs zusammen. Stücke von ihr lösen sich und wachsen zu neuen Tieren heran. Lange galt sie fälschlicherweise als *missing link* zwischen Pflanze und Tier.

Die Symbiose aus Einsiedlerkrebs und Meeresanemone

Die Symbiose zwischen Einsiedlerkrebs und Meeresanemone ist bei Gosse für alle erdenklichen Mutmaßungen und Interpretationen offen: Wer von beiden hat das Ruder in der Hand? Ist es tatsächlich der Krebs, der die Anemone über den Meeresboden zieht und ihr dabei mit den herumliegenden Steinen so manchen Hieb versetzen lässt? Oder hat die Meeresanemone die Muschel mit dem darin heimisch gewordenen Krebs verschlungen und sich der Krebs dann den Weg durch Magen und Haut der Meeresanemone nach draußen gebahnt? Hat die Meeresanemone vielleicht eine besondere Membran ausgeschieden, sodass der Krebs eine seinen Bedürfnissen entsprechende Wohnung bekam und diese nicht mehr verlässt? Was ist das für ein Instinkt, der die Meeresanemone dazu bewegt, ein Schneckengehäuse und die Nähe eines Krebses zu suchen? Warum geht die Meeresanemone ein und wird zu einer übelriechenden Masse, sobald der Krebs die Schale verlässt oder stirbt?

Im Aquarium hofft der Naturforscher Gosse, den Tieren die Prinzipien ihrer gegenseitigen Anziehung zu entlocken und hinter das Geheimnis des scheinbaren Verschmelzens der Körpergrenzen und Identitäten zu kommen. Im ungeklärten Verhältnis der »weiblichen« Meeresanemone und des »männlichen« Krebses bündelt sich der Reiz des Aquariums (Matthias Schleiden bezeichnet Bernhard, den Einsiedlerkrebs, bald als »Vorläufer des Eremiten- und Klosterlebens« und in seinem Architekturgeschmack »sehr launisch«). Hier vollführen die Geschlechter, für alle Beobachter sichtbar, einen Kampf und liefern eine ebenso groteske wie zweifelhafte Analogie zum Verhältnis von Mann und Frau. Die Beckenbewohner sind unfreiwillige Akteure eines mit verstörenden Grenzüberschreitungen garnierten »Theaterstücks«, das sich vor den Augen der Voyeure entfaltet.

Seenelke aus: *The Aquarium*

Erst Biologen der zwanziger und dreißiger Jahre des zwanzigsten Jahrhunderts vermögen überzeugende Erklärungen für dieses Zusammenwirken zu bieten, das als Paradefall biologischer Symbiose gilt. Wie man heute weiß, halten die Meeresanemonen mit Hilfe ihrer Nesselkapseln die für den Krebs gefährlichen Tintenfische fern. Umgekehrt profitiert die Meeresanemone, weil ihr über die Bewegung ihres Wirtes ein viel größerer Lebensraum erschlossen wird. Außerdem kann sie einen Teil der Beute des Krebses aufnehmen, da ihr Mundfeld unmittelbar den Kauwerkzeugen des Krebses gegenüberliegt. Manchmal endet die Liaison jedoch tödlich, denn bei großem Nahrungsmangel fressen Einsiedlerkrebse ihre Meeresanemonen. Es ist beinahe beruhigend, dass die Meeresanemonen auch heute noch so manche Fragen offenlassen, etwa die nach ihrem Alter.

Wer heute in Gosses 1854 erschienenem Buch *The Aquarium* genaue Hinweise für den Bau eines Meerwasseraquariums sucht, dürfte enttäuscht werden. Ab und zu finden sich in dem knapp dreihundert Seiten umfassenden Text versteckte Tipps dazu, aber erst auf den allerletzten schiebt Gosse eine kurz gefasste Übersicht nach, hier wird er konkreter. Es sei wie das *post scriptum* des Briefes einer Dame – »obwohl an letzter Stelle, enthält es den wichtigsten Teil des Buches.« Gosses Buch ist eine bizarr anmutende Beschreibung eines Ausflugs ans Meer, auch eine kleine »Bibel« der Küstenwelt. Über diese Welt will er Register führen. Nicht nur das: Er will sie in Besitz nehmen, domestizieren und im häuslichen Rahmen – allen widrigen Umständen zum Trotz – zur Permanenz erziehen, unsterblich machen. Sein Aquarium ist ein lebendes Museum, eine paradox erscheinende Arche Noah für die marine Fauna und Flora, die mit Wasser gefüllt ist und im Trockenen steht. Geradezu dick-

Hier wurde ein Wintergarten in einem Glashaus mit einem Aquarium samt Springbrunnen kombiniert

köpfig wehrt er sich gegen den transitorischen Charakter des Aquariums. Gosses Bezugspunkte bleiben das Museum, die Sammlungen und die endlosen, oft zwanghaft klassifizierenden Listen der in der Natur vorkommenden Arten. In seinem Labor testet er diese Formen ins Extreme, er versucht das nahezu

Unmögliche: Einen »Sammelkasten« mit Leben zu erfüllen, der von seiner Idee her einige Jahrhunderte früher für leblose Objekte geschaffen wurde. Im Aquarium kommen Dinge zusammen, die – zumindest unter diesen Bedingungen und an diesem Ort – schwerlich zusammengehören. Für die Menschen der Zeit aufregend ist der Aspekt der belebten Natur. Zugleich vollzieht sich der Übergang vom statischen Goldfischglas zu einer farbenprächtigen Sammlung von Tieren und Pflanzen im Aquarium.

So wie der Zoologische Garten schon einige Jahrzehnte früher die Tierwelt in die Stadt geholt hatte und das Glashaus im Botanischen Garten zum Heim für die tropische Pflanzenwelt geworden war, das der Naturliebhaber und Flaneur wie ein zum Leben erwecktes Kompendium durchschreiten konnte, miniert das Aquarium die submarine Welt auf eine »durchschaubare« Form, die mit den Augen begangen und taxiert wird – das Paradox einer Meeresfahrt innerhalb der eigenen vier Wände. Das Aquarium vermittelt zwischen den Tieren und den Menschen, die es betrachten. Die inzwischen beliebten Wanderungen an der Meeresküste werden hier fortgesetzt, kommen aber auch zum Stillstand.

Philip Henry Gosse versteht es, seine Begeisterung in seinen Schriften so zu verpacken, dass es vom Bürgertum begierig aufgenommen wird. Durch seine Vortragstätigkeit zu allen möglichen Meeresthemen ist er am Puls der Zeit. Um beim Publikum erfolgreich sein zu können, muss das Aquarium auch optisch überzeugen. Die zeitgenössischen Magazine sind überschwänglich in ihrem Lob. Gosse komme das Verdienst zu, so schreibt die in London erscheinende *Literary Gazette,* »in all die geschmückten Paläste getaucht zu sein, die der alte Neptun so lange zögerlich unter Verschluß« gehalten habe. Die Zeitschrift

Blackwoods gibt die Empfehlung ab, das Buch besser nicht in die Hände von Kindern zu geben, weil es sonst im Haus keinen Frieden geben würde, bevor dort nicht endlich ein Aquarium angeschafft worden sei. Das Buch verdankt seinen Erfolg auch den für diese Zeit qualitativ hochwertigen Illustrationen. Bis dahin wussten die Menschen gar nichts von der Farbenpracht der Meereslebewesen. Philip Gosse war von seinem Vater schon früh mit den damals bekannten Techniken vertraut gemacht worden. Bei seinem Buch über das Aquarium führte Gosse über alle Stufen des Farbdrucks hinweg Aufsicht und eignete sich die Lithographietechnik an. Ein Jahr später folgt noch *A Handbook to the Marine Aquarium* für alle diejenigen, die sich das erste Buch nicht leisten können.

> »Es ist ein Schmuckstück, Spielzeug und Sammelkasten
> zugleich, eine Menagerie, ein Botanischer Garten,
> ein Zoo, in dem jede Farbe lebendig ist; kurzum: ein
> Ding von Schönheit und Freude für immer.«
> Shirley Hibberd, 1856

Das viktorianische Bürgertum begnügt sich von nun an nicht mehr mit der Inventarisierung von Farnen, die Aufmerksamkeit schwenkt auf die Erkundung der Meeresküsten um und auf die Frage, wie der Transport der Tiere nach Hause organisiert werden kann. Besonders die für ihre glühende Naturbegeisterung bekannten Damen wenden sich der Küste zu. In Schwärmen tummeln sie sich – von den Herren in sicherer Entfernung beobachtet – am Ufer und sammeln Meerestiere ein.

Einen lebhaften Aufschwung erlebt bald nach der Veröffentlichung des Buches das Geschäft von W. Alford Lloyd in London. Sein über hundertfünfzig Seiten starker Katalog von 1858

Ein Ausflug zum Sammeln an die Küste

Lloyds Aquarienhandlung in London – eine der ersten ihrer Art listet alles auf, was mit den Aquarien zu tun hat und notwendig ist, dieses, so Lloyd, »starke und intensive Verlangen« nach dem mit den Naturobjekten verbundenen neuem Vergnügen zu befriedigen. Wie viel einfacher ist es jetzt, all die Dinge von einem Händler zu beziehen, die früher auf teurem, gefährlichem und letztlich unbefriedigendem Wege eigenhändig von der Küste geholt werden mussten. Nur der Fachhändler, so Lloyd, sei in der Lage, die wirklich geeigneten Tiere auszuwählen und nur er könne für die kompetente Reinigung sorgen. Des Weiteren stelle er alle die Mittel zu Verfügung, um die Tiere adäquat unterzubringen, denn im Gegensatz zu den Haustieren gebe es hier noch viel Nachholbedarf. Auch ein Kundendienstangebot gibt es: Pflege der Aquarien und Ersatz gelegentlicher Verluste. Aber »Risiken aller Art, ob beim Transit oder in anderem Zusammenhang, werden vom Käufer getragen.« Um Verluste oder die Bruchgefahr zu minimieren, sollte jeweils die allernächste Eisenbahnstation angesteuert werden und, wenn möglich, sogar der genaue Zug bekanntgegeben werden, damit der exakte Ankunftstermin bekannt ist und entsprechende Vorkehrungen getroffen werden können. Aquarien und Meerwasser werden stets mit dem Güterzug auf den Weg gebracht, »verderbliche Güter« mit besonders schnellen oder Passagierzügen, die robusteren Tiere und Pflanzen werden in kleinen Paketen verstaut und mit der Post versandt. Lloyd hat rund 15 000 Tiere in seinem Bestand, auch frisches Meerwasser kann man stets bei ihm zapfen.

Der Sozialhistoriker David Elliston Allen beschreibt in seiner faszinierenden Studie *The Naturalist in Britain* die Woge der Naturbegeisterung in den 1850er Jahren als »nachlässiger, weniger intelligent, hysterischer« als in den Jahrzehnten zuvor. Die Moden ziehen jetzt viel weitere Kreise, sind nicht mehr

Beliebte Freizeitbeschäftigung: Viktorianische Damen bei der Betrachtung eines Aquariums, um 1860

nur auf das Bürgertum beschränkt, sondern greifen auf die Mittelschicht über.

Aber schon ein paar Jahre später ist es, zumindest in England, mit dem »Aquariums-Fieber« vorbei, neun von zehn Aquarien werden weggeworfen oder ihrem Schicksal überlassen. Das individualistische Vergnügen im Salon weicht der kollektiven Erfahrung in den großen Publikumsaquarien wie in Brighton und anderen Küstenorten. Das Interesse am Meer bleibt in England bestehen, verlagert sich aber vom Ufer als Ort der Aktivität hin zu den Tiefen des Ozeans. Obwohl mit erheblichen Kosten verbunden, fahren die, die es sich leisten können, in den 1860er-Jahren aufs Meer hinaus, um mit der Dredsche, einem über einen rechteckigen Eisenrahmen gespannten Netz, nach den Geschöpfen des Ozeans zu jagen.

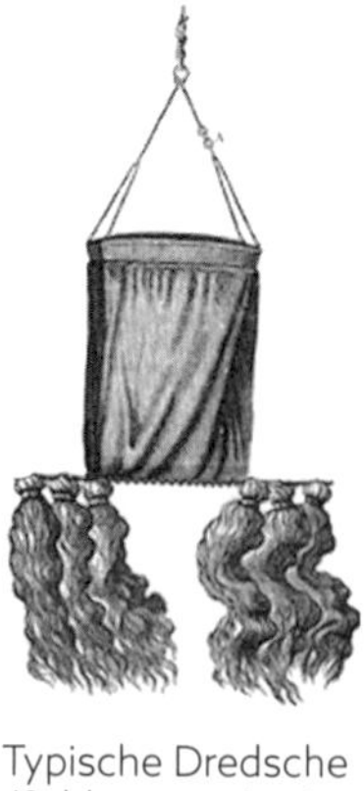

Typische Dredsche (Schleppnetz) mit Hanfquasten, um 1850

Zu dieser Zeit, 1859, tritt Charles Darwin mit seiner Theorie über den Ursprung der Arten an die Öffentlichkeit. Später, als die Darwin'sche Abstammungslehre mehr und mehr Anhänger findet, muss Gosse erleben, wie die Glaubwürdigkeit seiner eigenen theologischen Schöpfungslehre durch diese mächtige Theorie gehörig erschüttert wird. Wie Ann Thwaite in ihrer Biografie über Philip Henry Gosse, *Glimpses of the Wonderful* schreibt, hat er lange daran zu schaffen. Er entwickelt eine starke Melancholie und gibt sich seinen Stimmungen hin, umgeben von seinen Enkelkindern, Schmetterlingen, Orchideen – und seinem Aquarium.

»Unterseeische Landschaft«

»WISSENSCHAFTLICHER LUXUS«

DER SPRUNG NACH DEUTSCHLAND

In Deutschland und den Vereinigten Staaten setzt die Aquarienmode mit ein paar Jahren Verzögerung ein. Bald nach der Veröffentlichung in England muss *The Aquarium* auf dem Schreibtisch von Emil Adolf Roßmäßler gelandet sein. Roßmäßler war 1806 in Leipzig als Sohn eines Kupferstechers geboren und hatte sich früh für die Natur zu interessieren begonnen. Was bei Philip Henry Gosse das Mikroskop und die Insekten waren, ist bei dem Deutschen der Fund einer ausgemusterten Mineraliensammlung. In den Sommerferien besucht der junge Roßmäßler den »Bienenvater Lukas« in Nischwitz bei Wurzen. Während seiner Zeit am Gymnasium dann bekommt er Heinrich Gottlieb Ludwig Reichenbachs *Iconographia botanica* geschenkt, die er heimlich unter der Schulbank studiert. Dann wird sein Interesse auf Schnecken und Muscheln gelenkt, und er bezeichnet sich scherzhaft als »Schneckologe«. Noch während seines anfänglichen Theologiestudiums, das er später als »haltlos und verfehlt« bezeichnet, gibt er Apothekerlehrlingen Unterricht in

Der ehrwürdige Emil Adolf Roßmäßler

Botanik. Er bricht sein Studium ab und wird zunächst Leiter einer thüringischen Privatschule, 1830 dann Professor für forstwirtschaftliche Zoologie in Tharandt im Erzgebirge. In dieser Zeit hat er intensive Verbindung zu Alexander von Humboldt, der Akademie der Wissenschaften in Berlin und zum Wiener Naturalienkabinett. Später wendet sich Roßmäßler auch intensiv politischen Themen zu, daneben findet er zu einem freireligiösen Bekenntnis und schickt seine beiden ältesten Kinder auf eine jüdische Schule. 1848 wird Roßmäßler im sächsischen Pirna als Abgeordneter in die Frankfurter Nationalversammlung gewählt und schließt sich der demokratischen Linken an. Er setzt sich für die Stärkung der Volksschule und die Trennung von Kirche und Staat ein, zieht sich aber bald aus seinen politischen Ämtern zurück, wird vom Dienst an der Forstakademie suspendiert und wegen Hochverrats angeklagt – er hatte anonym eine Bilanz seiner parlamentarischen Tätigkeit veröffentlicht. Roßmäßler wird zum Privatgelehrten und Vortragsreisenden in Sachen Naturkunde.

Emil Adolf Roßmäßler steht für eine ganze Reihe von Popularisierern der sich schnell weiterentwickelnden Naturwissenschaften, die zwischen dem akademischen Diskurs und den Erwartungen der Bürger an Unterhaltung und Geselligkeit sowie leicht verständlichem Wissen vermitteln. Kirche und Staat hatten lange Vorbehalte gegen die Naturwissenschaften, deshalb kommt den Anstrengungen solcher weitgehend unabhängigen Menschen für die Verbreitung naturkundlicher Interessen erhebliche Bedeutung zu. Konkret geschieht dies über Zeitschriftenartikel, das naturwissenschaftliche Feuilleton der Tageszeitungen, oft aufwändig bebilderte Bücher und Vortragsreisen, die alle einen Beitrag zum Lebensunterhalt liefern. Für Roßmäßler, der lange naturkundliche »Volksakademien« für die Arbeiterschaft im Sinn hatte und politisch zwischen Linksliberalismus und gemäßigtem Demokratentum einzuordnen war, wird das Aquarium zum Vehikel und Werkzeug, über das sich seine Vorstellung über die Demokratisierung des Wissens und der Gesellschaft verwirklicht – neben den Volkshochschulen und Arbeiterbildungsvereinen.

> »Der tyrannische, allgewaltige, unbändige Ocean fluthet auf unserem Tische als die unerschöpfliche Freudenquelle unserer Gesellschaften, unserer Einsamkeit, ohne daß wir uns nur die Füße naß zu machen oder ihm gar den üblichen Tribut aus unserem Magen zu opfern brauchen.«
> *Die Gartenlaube*, 1854

Roßmäßler zählt zu den Mitbegründern der ab 1853 erscheinenden Zeitschrift *Die Gartenlaube*, jenem Blatt für die »langen Winterabende am traulichen Ofen«, das den interessierten Bürger mit Bildern und Deutungen aus Natur und Geschichte versorgt, die von dort ihren Platz in der allgemeinen Vorstellungswelt einnehmen. »Es soll Euch anheimeln in unserer Gartenlaube, in der Ihr gut-deutsche Gemütlichkeit findet, die zu Herzen spricht«, heißt es im Vorwort der ersten Ausgabe.

Unter dem Titel *Der Ocean auf dem Tische* erscheinen 1854 die beiden vermutlich ersten deutschsprachigen Artikel zu diesem aus England kommenden Apparat, dem Aquarium, einer »vergrößerten und wissenschaftlich construirten Goldfisch-Terrine, gefüllt mit Leben aus der Tiefe des Meeres, das man nun darin in seinem ganzen, tiefen, geheimnißvollsten Reichthume auf dem Tische studiren kann, im Schlafrock und Pantoffeln.« Dabei handele es sich um einen ebenso »geschmackvollen« wie »wissenschaftlichen Luxus.« Der nicht namentlich genannte Autor wagt eine optimistische Prognose: »Mit der Zeit wird die Tiefe des Meeres, durchsichtig auf unserem Tische, uns noch manche seltsame Naturgeschichte erzählen.« Der Beginn der Aquaristik im deutschen Sprachraum ist gemacht, und mit dem weiteren Kontext, den diese Zeitschrift schafft, ist schnell der Rahmen gesteckt, in dem sich künftig ein wesentlicher Teil der Auseinandersetzung mit dem Aquarium abspielen soll.

Zwei Jahre später, 1856, gerät unter der Überschrift *Der See im Glase* in der *Gartenlaube* erneut ein Aquarium ins Blickfeld, diesmal ist aber von einem Süßwasseraquarium die Rede, das im Gegensatz zu dem in englischen Küstenstädten beliebten Meerwasseraquarium besonders für die Bewohner des Binnenlands von Interesse sei. Emil Adolf Roßmäßler ist der namentlich genannte Verfasser. Die begleitende Illustration zeigt ein großes, nach oben weit geöffnetes Rundglas, auf dessen Boden ein paar kleine Schnecken zu erkennen sind und aus dem Pflanzen üppig emporwachsen. Dieses Stilleben wird von einem Mädchen beobachtet, das es sich daneben auf einem Kanapee bequem gemacht hat. Roßmäßler schreibt, daß er sich nach der Lektüre von Gosses Buch hätte an die Stirn schlagen mögen. Schließlich würde er als Naturforscher »im Dienste der Verallgemeine-

Die erste Abbildung eines Aquariums in der *Gartenlaube*

rung seiner reichen, schönen Wissenschaft« schon seit vielen Jahren Wassertiere und -pflanzen in großen Gläsern halten, habe es aber bisher versäumt, mit ihnen »naturwissenschaftlichen Sinn zu wecken und pflegen.« Fremden Pflanzen räumt Roßmäßler nur dann ein Recht ein, »wenn die Heimath sich unzulänglich erweist«, zumal viele der inländischen den Lesern »wegen ihrer zum Theil abenteuerlichen Formen wie ausländische vorkommen werden.«

Überhaupt bestimmen allerlei Pflanzen dieses Aquarium. Eine »kleine botanische Garteninsel« soll es werden, mit nur wenig Spielraum für ein paar kleine Fische. Der Artikel ist eine Aufzählung und Beschreibung dieser Pflanzen, insgesamt über fünfzig Arten, darunter Pfeilkraut, Froschlöffel, Riedgras, Wasserviole, Sumpfschlangenkraut, Wassernuß, Hornblatt, das krausblättrige Laichkraut, Wasserstern, Froschbiß, Sumpfbrunnenkresse, Fieberklee und Vergissmeinnicht. Unter den Tieren werden nur Schlamm- und Sumpfschnecke, Teichmuschel, Flußperlmuschel und der Goldfisch sowie gegebenenfalls der Wetterfisch empfohlen – vermutlich kannte Roßmäßler Bechsteins schon erwähnte Schrift. Forellen, Hechte und Barsche hätten als »räuberische Fische« dort nichts zu suchen. Auch der Teichsalamander wird empfohlen, womit das Aquarium zugleich Terrarium ist. In dieser Kombination erkennt Roßmäßler ein selbstgenügsames Aquarium, bei dem das verdunstete Wasser nur gelegentlich durch neues ersetzt werden müsse. So sei es »wirksames Mittel, die Kinderwelt an den vertrauten Umgang mit der Natur zu gewöhnen.«

Woher der plötzliche Umschwung vom Meerwasser- zum Süßwasseraquarium? Wichtig ist Roßmäßlers intensive Beschäftigung mit Pflanzen und die Tatsache, dass Meerestiere noch längere Zeit sehr schwer verfügbar bleiben. Zugleich ist die Konzentration auf die Süßwasserwelt eine mehr oder wenige bewusste Abgrenzung zur englischen Erfindung. So konnte der Eindruck bestehen bleiben, dass Roßmäßler selbst etwas wirklich Neues geschaffen hatte und er die Idee nicht einfach nur von Gosse abgekupfert hatte.

Nach der großen Resonanz des Artikels in der *Gartenlaube* schreibt Roßmäßler 1857 das mit fünfzig von Pflanzen illustrierte, 88-seitige Büchlein *Das Süßwasser-Aquarium. Eine Anleitung zur Herstellung und Pflege desselben*. Es bedurfte »einer großen gewaltigen Macht, um das kleine, bescheidene Süßwasser-Aquarium aus dem Studirwinkel der Naturforscher …

Süßwasseraquarium mit Sumpflanzen, um 1890

hinauszutreiben zu rascher Entfaltung auf den Markt des Lebens.« »Bis in das Wohnzimmer der Reichen« solle diese »Curiositäten-Liebhaberei«, wie er an anderer Stelle schreibt, nun gelangen. Später geht es ihm dann auch gerade um die nicht so Begüterten. Dabei werden die Tiefen der Tümpel stets so verklärt, als handele es sich um die Abgründe der Ozeane:

> »Was die Natur auf dem Grunde der Teiche und Sümpfe und an deren für feuchtigkeitsscheue Füße unnahbaren Rändern birgt, bleibt den Meisten ein ewiges Geheimniß, mit Ausnahme der Fische und Krebse, welche man auf den Mittagstisch bringt.«

Die Entstehung der Aquarien wird als Naturgesetzlichkeit verkauft, kein Vergleich ist abstrus genug:

> »Jetzt sind sie hinausgewachsen ins frische freie Leben, wie die Weizenkörner, die Jahrtausende in den Gräbern der Pharaonen geruht hatten. Über sie kam der belebende Hauch des Naturdranges unserer Tage.«

Weitere Auflagen von *Das Süßwasser-Aquarium* werden nach Roßmäßlers Tod 1867 von Alfred Brehm überarbeitet. Zahlreiche andere Autoren nach ihm greifen in eigenen Büchern dieses Thema auf, meist sind es nur Varianten desselben Stoffes. Im 1875 erscheinenden *Buch der Sammlungen* von Otto Klasing findet das Süßwasseraquarium dann schon ganz artig seinen Platz zwischen Käfern und Schmetterlingen, Schädeln und Münzen. Mit der Konzentration auf das Süßwasser koppeln sich alle diese Autoren jedoch von der Vorstellungswelt ab, welche die Tiefen des Meeres bis in unsere Zeit hinein umgibt. Ein

Aquarienszenerie aus Roßmäßlers erster Schrift, 1857

See, Teich oder Tümpel ist nun einmal kein Meer im Kleinen – allen rhetorischen Klimmzügen zum Trotz, wie sie auch Gustav Jäger unternimmt:

> »Das Leben im Süßwasser ist eine Idylle im Vergleich zu dem des Meeres, minder groß, minder bewegt, aber doch schon deshalb von eigenem Reiz, weil es uns näher liegt, verständlicher ist, anheimelt.«

Zwei Schulen bilden sich heraus. Während sich Roßmäßler für den bequemeren Weg entscheidet, nehmen andere die Herausforderung an und setzen sich mit den Schwierigkeiten auseinander, »die Wunder des Meeres in Hausthiere umzuwandeln«, wie Alexander Ussner, Zoologe und Gründer des Wiener Tiergartens, 1860 schreibt, der das Erhalten eines Meerwasseraquariums ähnlich einfach findet wie die Beherbergung eines Kanarienvogels, spannender sowieso: »wie arm sind unsere süßen Wasser gegenüber der ungeheuren Mannigfaltigkeit, welche uns das Meer in seiner Thier- und Pflanzenwelt bietet.«

Wenige Jahre zuvor, 1857, war in der *Gartenlaube* ein Artikel über den »naturwissenschaftlichen Seehandel« des Lloyd'schen Geschäfts erschienen, das alle Tage »lebensvolle kleine Oceane mit der Eisenbahn« verschickt und auch Deutschland mit Tieren und Gewächsen versorgen kann, »die zueinander passen und den gläsernen Käfig vertragen können.« Der Autor sagt diese Art des Handels auch für Deutschland, und dort besonders in den Hafenstädten, voraus, dabei werde »die Konkurrenz die Preise so stabil machen, daß es mit Ernst und wirklichem Interesse jedem anständigen Menschen leichter wird, sich ein solches Aquarium als einen neuen Rock anzuschaffen.« Etwa fünfzig Taler koste ein »gläsern ewigverschlossener Ocean«; eine Investition, die ihr Geld unbedingt wert sei: »mit welcher Wonne weidet sich das Auge auf den sammetnen Wiesen, welche die Felsen des durchsichtigen, durchsonnten, mit lebendigen Thierblumen besternten Miniatur-Meeres überteppichen!« Vom Sessel aus lasse sich das Drama beobachten, wie eine Meeresanemone im Nu mit ihren Schlangenumarmungen eine »lustig umherschießende Garneele« in sich hineinwürgt.

Das dringliche Problem ist die Beschaffung geeigneten Wassers. Woher in Leipzig, Dresden oder Berlin Meerwasser bekommen? Wie sich ein Autor der *Naturwissenschaftlichen Wochenschrift* 1889 erinnert, ließ der Zustand von »importiertem Seewasser« zu wünschen übrig. Wenn es denn endlich seine Bestimmung im Binnenland erreicht, »sah es eher allem andern als brauchbarem Seewasser ähnlich und hatte schon oft bei seiner Ankunft einen schlechten Geruch.«

Mit Meeresanemonen und Seesternen versehenes Aquarium, 1857

Da hilft nur Filtrieren, Reinigen und Durchlüften, und selbst dann ist das Wasser oft noch nicht in brauchbarem Zustand und wandert in den Ausguss. Die Lösung des Problems besteht in der Bereitung künstlichen Meerwassers. Dem Chemiker bereitet das keine besonderen Schwierigkeiten: Genau festgelegte Mengen Kochsalz, Bromnatrium, schwefelsaurem Kali, Glaubersalz, Gips, Magnesia und Chlormagnesium werden in Wasser gelöst.

Das Meerwasseraquarium behält auch für den Privathaushalt seine Faszination. Allen Widrigkeiten zum Trotz, die auch bei der Verwendung künstlichen Meerwassers weiter bestehen, lässt es die Menschen nicht los. In der *Isis. Zeitschrift für alle naturwissenschaftlichen Liebhabereien* schreibt Reinhold Hoffmann in den 1880er-Jahren in etlichen Ausgaben in Folge über die »Pflichten und Mühewaltungen« der Meerwasseraquarien, der »Seewasser-Aquarien im Zimmer.« Hoffmann ist unbedingter Fürsprecher des Meeresaquariums, er glaubt sogar, dass es weniger Mühe mache als ein Süßwasseraquarium, und: »Die Bewohner werden eine Frische und Schönheit entfalten, welche der ihrer Verwandten in der freien See würdig zur Seite gestellt werden könnte.«

Erwähnung verdienen auch die von Leopold Blaschka ab 1857 in Böhmen aus Glas gefertigten Modelle von Wirbellosen wie Quallen, Seesternen, Tintenfischen und anderen Organismen, die, sofern sie überhaupt in Gefangenschaft gehalten werden können, schnell ihre Farben einbüßen. Diese Modelle vermitteln dort einen Eindruck von diesen Tieren, wo die Haltung eines Meerwasseraquariums mit zu vielen Komplikationen verbunden sind. Sie finden sich noch heute in vielen Sammlungen von Naturkundemuseen.

Quallenmodell von Leopold Blaschka

Noch in den 1880er-Jahren sind Tiere des Mittelmeers nördlich der Alpen fast unmöglich zu bekommen. Ob aus Triest, Venedig oder Genua – der Versuch, so zarte Wesen wie Quallen auf größere Strecken hin zu versenden, scheitert regelmäßig. Als »härter und ausdauernder«, so Hoffmann, gelten die Tiere der Nordsee, die vom »Badereisenden« sogar selbst mit großem Vergnügen gesammelt werden könnten, vorausgesetzt, er merke sich genau die Zeit von Ebbe und Flut, oft passiert es, dass Urlauber rettungslos im überraschend kommenden Hochwasser verschwinden.

> »Auf zum Strand! ruft der Forscher und wenige Minuten später sehen wir ihn mit Kübel, Korb, Netz, Stock, Hammer und Meißel dem Strand zueilen.«

Im Gosse'schen Geist werden jetzt auch an der deutschen Küste Sand und Schlick durchstöbert. Man bemächtigt sich der Tiere, »die sich dort eingegraben haben und treulos von der Flut verlassen wurden«, wie es Reinhold Hoffmann beschreibt. Die Nordseetiere lassen sich auch leichter in das Landesinnere verschicken. Solange es um Entfernungen von fünfzig bis sechzig Meilen geht und die Tiere in Tang eingewickelt werden, gibt es keine Probleme.

Aber vor Betrügern müsse man sich in Acht nehmen, sie wittern das schnelle Geschäft. Eine gängige Masche ist es, frisch gefangene Tiere als schon eingewöhnte anzupreisen, oft werden sie auch regelrecht als »Ramsch« angeboten, »freilich darf es dann auf einige Leichen mehr oder weniger nicht ankommen.«

Zum Wahnwitz des Meerwasseraquariums gehörte, sich im Detail auszumalen, welche Tiere mit welchen kombiniert werden, denn oft knüpfe sich das Gedeihen eines Tiers an den Untergang eines anderen. Durch Trennen und Vereinigen müsse man vermeiden, dass sich das Aquarium in ein »Schlachtfeld« verwandle. Das ist möglich, indem man »auf den Eindruck, welchen die Bevölkerung einer Arche Noah im Kleinen hervorbringt, entweder ganz verzichtet oder indem man ein größeres Becken mit verschiedenen Abtheilungen einrichtet.« Damit beschränke sich die Auswahl »aus der Gesammheit der Schrecken des Meers« auf eine überschaubare Anzahl, der man im Aquarium Aufnahme gewähren könne. Menschenfressende Haifische, größere Tintenfische, Stachelrochen und »tausend und abertausend andere, welche sich unter allen Graden des Meers, auf tiefstem Grund, wie nahe der Oberfläche, zu Füßen und zu Häupten der unterseeischen Algenwälder« tummeln, bleiben draußen. Das utopische Referenzmodell sind jene riesenhaften Aquarien der Zukunft, in denen man dann auch im Binnenland die »jugendlichen Riesen des Meers« bewundern kann. Dieser Vorrat an Erwartungen rundet das Betrachten des heimischen Kastenaquariums ab. Weiter heißt es im leidenschaftlichen Plädoyer von Reinhold Hoffmann in der *Isis* von 1886:

> »Durch Anschaffung eines solchen Ozeans im Kleinen wird jedem Gelegenheit geboten, … sich einen absonderlichen Genuß zu verschaffen. … in der That einen ganz andern Genuß, als die in Glaskästen reihenweise aufgespießten Schmetterlingsleichen, gestopften

Vogelbälge, als die eitlen prahlenden Schätze von Gold- und Silbersachen in Schränken mit Spiegelwänden und als die in entstellenden Glaskugeln sich und andere langweilenden Goldfische.«

Dann gibt es den sehr drastischen Versuch, um der Natur ein Schnippchen zu schlagen: Warum Meerestiere nicht einfach nach und nach an Süßwasser umgewöhnen und so behandeln, als wären sie von vornherein im Süßwasser gewesen? Als Vorbilder dienen Aale und Lachse, von denen man weiß, dass sie, aus dem Meer kommend, oft bis zu den Quellen der Flüsse aufsteigen. Aber auch von Flundern und Stichlingen ist bekannt, dass sie sich in beiden Wassern zu Hause fühlen. Reinhold Hoffmann habe sogar in Wilhelmshaven Meeresanemonen, Krebse und Fische gesehen, die solch eine »Gewaltmaßregel« ausgehalten hätten und mehrere Monate im Süßwasser überlebten, merkt jedoch an, dass das Wasser dieser Stadt wegen seiner Nähe zum Strand wohl immer noch etwas salzhaltig gewesen

Aktinienfütterung

sein dürfte. Für eine Umgewöhnung empfohlen werden vor allem Ostseetiere und von diesen wiederum jene, welche am weitesten nach Osten vordringen – wegen des niedrigeren Salzgehalts.

Das Aquarium, bisher Objekt versprengter Individuen, wird zum gemeinschaftsstiftenden Unternehmen. In den 1870er-Jahren kommen Aquaristen in Vereinen zusammen und beginnen bald auch eigene Zeitschriften herauszugeben. 1882 wird in Gotha ein *Aquarium, Verein für Aquarien- und Terrarienkunde* gegründet, 1888 der Berliner Verein *Triton*, dessen Vereinszweck in der Satzung wie folgt definiert wird:

> »Gegenseitige Belehrung durch Mitteilung von Erfahrungen, Förderung der Liebhaberei durch Austausch und Kauf von Tieren und Pflanzen, Verbreitung der Liebhaberei für Aquarien und Terrarien durch Einwirkung durch das große Publikum, Entgegentreten aller in weiten Kreisen herrschenden Vorurteile und Aberglauben.«

Vier Jahre nach seiner Gründung hat dieser Verein immerhin schon rund 150 Mitglieder. Der Zweck erschöpft sich aber nicht mit den in der Satzung formulierten Zielen. Solche Zusammenschlüsse – Baustein einer Vielzahl von Naturvereinen – haben psychologische Funktionen. Hier finden die Amateure Bestätigung und Anerkennung ihrer Kompetenz. Nicht zufällig werden viele der Vereinsnamen der Mythologie entlehnt: »Daphnia und Heros, Isis und Neptun, Proteus und Triton gaben sich im Feld der Blumenfreunde, Fischzüchter und Raupensammler ein fröhliches Stelldichein«, beschreibt der Historiker Andreas W. Daum die Versuche, in der Öffentlichkeit die so begehrten höheren Weihen zu bekommen. Die Vereine sind nicht nur von Harmonie geprägt, sondern auch der Ort, wo mit Lust Rangeleien und Kompetenzstreitigkeiten ausgetragen werden. Die Fachzeitschriften belegen all das im Detail. Es ist eine kleine Welt mit ihren eigenen Eliten.

Was die Zeitschriften betrifft, verläuft die Entwicklung im deutschen Sprachraum und in den Vereinigten Staaten parallel: Als erste Aquariumszeitschrift der Welt gilt das vom dortigen Haus herausgegebene *New York Aquarium Journal,* das ab Mai 1877 für ein Jahr erscheint. In Deutschland gibt es ab 1879, als Vorläufer der aquaristischen Fachzeitschriften, die schon zitierte Wochenschrift *Isis.* Das Thema sind hier verschiedene naturwissenschaftliche Liebhabereien, aber der Aquarienkunde wird besonders viel Platz eingeräumt. Die erste deutsche Spezialzeitschrift für Aquaristik erscheint 1890: die in Magdeburg herausgegebenen *Blätter für Aquarien- und Terrarienfreunde.* Zu etwa demselben Zeitpunkt bringt der deutsch-amerikanische Fischhändler Hugo Mulertt, dessen Name auf den Transportkanistern für Aquarienfische zum festen Begriff wird, in New York die Zeitschrift *The Aquarium* heraus. In allen diesen Zeitschriften gibt man eigene Erfahrungsberichte zum Besten, tauscht sich über Fischkrankheiten, algenbewachsene Scheiben und undichte Behälter aus.

Bald schon finden große Zusammenkünfte statt, sie sind nichts anderes als die Fachmessen von heute. Rund 700 Personen besuchen die im August 1890 im Berliner Grandhotel »Alexanderplatz« veranstaltete Ausstellung des Vereins der Aquarien- und Terrarienliebhaber, zu der sich Aussteller aus Österreich, Bayern, Sachsen, Thüringen und selbst das Präsidium der »Ichthyologischen Abteilung der russischen Akklimationsgesellschaft« aus Moskau einfinden. Es regnet geradezu Ehrenpreise, Diplome und diverse Medaillen, etwa für die »Gesammtleistung auf dem Gebiete neuer Durchlüftungs-Apparate und physikalischer Instrumente«, »die Kreuzung zwischen Bitterling und Schleierschwanz«, »schmiedeeiserne Ständer«, »Fischfutter« oder das Ausstopfen eines Hummers. Ein Berliner erhält die Goldene Medaille für seine Seewasseraquarien, nur einen Haken gibt es: »Leider mußte von einer wirklichen Verleihung Abstand genommen werden, da eine goldene Medaille für diesen Zweck nicht zur Verfügung stand.«

EXOTEN

EIN GLAUBENSKRIEG

»Kann man einen Steinbarsch und einen Makropoden in ein und demselben Behälter halten?«
»Wenn beide solche Größe haben, daß sie sich gegenseitig nicht verschlucken können, ja.«
aus: *Blätter für Aquarien- und Terrarienfreunde*, 1894

Mit Ausnahme des Goldfisches schwimmen in den ersten Jahrzehnten der Aquarienbegeisterung fast ausschließlich einheimische Tiere in den privaten Becken. Dann ändert sich das Bild. Aquarien werden nun mit farbenprächtigen Importen aus fremden Ländern besetzt. Für viele tut sich ein ganz neues und viel weiteres Feld auf. Der begehrte Fisch wird viel stärker noch als früher über seinen Preis wahrgenommen. Steigt die Nachfrage nach einer bestimmten Spezies, werden mehr davon importiert oder gezüchtet (sofern das funktioniert), bis der Bedarf gesättigt ist oder ein neuer Fisch in den Blickpunkt des Interesses gerät. Mit seiner Professionalisierung und der Herausbildung der Aquaristik als Wirtschaftszweig, dem immer mehr Lieferanten und

Spezialgeschäfte angehören, wird das Aquarium selbst stärker standardisiert. Besonderes Prestige erwirbt sich, wer Fische mit stärker leuchtenden Farben, mit noch unbekannterer Körperform oder ungewöhnlicheren Eigenschaften hat – wie etwa die sogenannten lebendgebärenden Zierfische. Von diesen Triumphen darf er dann auch ausführlich in den Fachzeitschriften berichten.

Exotische Zierfische

Rekapitulieren wir: 1869 erreicht der erste exotische Zierfisch Europa, dabei handelt es sich um die Lieferung von hundert Makropoden, also Paradiesfischen, die der französische Konsul Simon aus dem chinesischen Ningbo an den Pariser Züchter Paul Carbonnier versendet. 1876 werden Nachzuchttiere dieses Imports auf der Berliner Ausstellung des Vereins *Aegintha* präsentiert. 1883 führt der in Berlin-Lankwitz ansässige Fischhändler Paul Matte den Schleierschwanz-Goldfisch aus Yokohama ein. Ein weiteres Jahrzehnt später, 1894, importiert Paul Nitsche vom Verein *Triton* den Chanchito, eine Buntbarschart.

Die Farbenpracht der kleinen Süßwasserfische begeistert die allermeisten Aquarianer, aber es gibt auch andere, Traditionalisten gewissermaßen, die sich ereifern, dieser Entwicklung etwas entgegenzusetzen. Rückendeckung holen sie sich dafür bei Altvorderen wie Roßmäßler. Manchen genügt auch der Hinweis, daß der Besitz selbst gefangener Tiere den Reiz der Sache erhöhe. Ist die Entscheidung schon zugunsten der »Fremdländer« gefallen, so empfiehlt der Verfasser der *Blätter für Aquarien- und Terrarienfreunde* 1891 in »Ein Wort für unsere Proletarier«, diesen immer auch einige Fische heimischer Arten dazuzugesellen. Empfohlen werden die »Proletarier« und »possirlichen Kerle« Ellritze und Bitterling – sie seien das, was die Sperlinge unter den Vögeln: »Für diese beiden Geringen unter den Geringen möchte ich hier ein Wort einlegen.«

Diese banal klingende Auseinandersetzung um Ellritze, Bitterling und »Fremdländer« birgt eine grundsätzlichere Frage: Geht es bei der Aquaristik noch um die wirkliche Naturerkenntnis und das Verstehen oder aber nur um Zerstreuung, Spielerei und eitle Effekthascherei? Gerade die Vertreter der eher wissenschaftlichen Richtung unter den Aquarianern tadeln das Züchten exotischer Fische oder reiben sich zum Beispiel an der Ausschreibung eines Preises für ein Liederbuch für Aquarienvereine. Da werden Haarspaltereien betrieben – ob der »Vivariensport« sich nun eher »Wissenschaft« oder »Wissenschaftlichkeit« auf die Fahnen schreiben soll. Andreas W. Daum hält die ganze Amateurwissenschaft für eine »chamäleonartige« Erscheinung, stets schwankend »zwischen liebhaberischer Wissenspflege und privater Vereinsseligkeit einerseits und Akademisierungserwartung andererseits.«

MARTYRIUM AQUARIUM

Recht bekannt sind die Ansichten von Elefanten und Giraffen, die um die halbe Welt transportiert werden, um sich dann in den Zoologischen Gärten wiederzufinden und dort einem staunenden Publikum präsentiert zu werden. Anders bei den Fischen: man kann lange in den Bibliotheken suchen und wird dennoch nicht fündig. Wenn sie, wie von den 1890er Jahren an immer häufiger, von weither bezogen werden, vollzieht sich ihre Reise »nach Hause« in Kannen und Kisten in aller Ruhe, und nicht wie bei den Affen von Gebrüll und Geschrei begleitet. Die »Versetzung«, von der Gustav Jäger schreibt, scheint ohne merkliche Irritationen vonstattenzugehen:

> »Während Luft- und Landtiere unter der Versetzung in den Käfig immer mehr oder weniger leiden oder wenn nicht das, so doch meist eine Veränderung in ihrem Benehmen erfahren, in unnatürliche Umgebung geraten, was das Aufkommen harmonischer Eindrücke verhindert, entfaltet sich im Aquarium das Leben in seiner ganzen Urwüchsigkeit, das Tier ist hier ganz genau das, was es im Freien ist ...«

Das Leiden der Fische entzieht sich der Beobachtung. Mitleid taucht gar nicht erst auf und erklärt, weshalb Aquarien im Gegensatz zu den Zoos lange kaum unter Legitimationsdruck oder in Diskussionen um »artgerechte Haltung« geraten.

RACHSÜCHTIGE MATROSEN

Der Transport der Fische über lange Strecken hinweg ist eine Wissenschaft für sich, und in Aquarianerkreisen heißt es damals wohl zu Recht, es sei »beinahe einfacher, einen Elefanten lebend einzuführen als einen fingerlangen Fisch«. Zur Jahrhundertwende gibt es mit dem Kompendium des »Tritonen« Paul

Nitsche ein richtiges Handbuch für die Einfuhr von Fischen aus fernen Ländern:

> »Der Import von lebenden Fischen – Ratschläge und Winke für die Einführung von Reptilien, Amphibien, Seewasserthieren und Wasserpflanzen für Aquarien- und Terrarienzwecke: gleichzeitig eine Anweisung für jeden Seereisenden, sich leicht einen reichlichen Nebenverdienst zu schaffen.«

Richtig, Nebenverdienst, denn Matrosen, Kapitäne und ganz normale Passagiere übernehmen solche Aufträge gerne – mehr oder oft weniger zuverlässig, versteht sich. Einheimische fangen die Tiere meist mit Keschern und Wurfnetzen in der freien Natur, zuweilen werden kleine Seitenarme von Flüssen abgesperrt. Bekannt ist auch der Einsatz von Pflanzengiften aus Baumrinden und Blättern, die in niedriger Konzentration in das Wasser gegeben werden, um die Fische in ihrer Bewegung zu hemmen, damit sie leichter gefangen werden können. Generell funktionieren die Importe im 19. Jahrhundert nach dem Zufallsprinzip. Wer Platz dafür hat, bringt Fische mit. Damit ist es jedes Mal eine Überraschung, was dann in der Heimat eintrifft.

Für die Einfuhr lebender Fische werden Kannen aus Zinkblech empfohlen, die wegen der Tropensonne außen weiß, aber – wegen möglicher Oxydierung – auch innen gestrichen sein sollten, einen Durchmesser von zirka einem Meter haben und mit Holzböden versehen sind. Sie werden in feste Kisten eingehängt, um das Einquetschen der Kannen bei Sturm auf See zu vermeiden – es sei denn, der Fischimport erfolgt auf großen Personendampfern, wo man auf solche Maßnahmen verzichten kann.

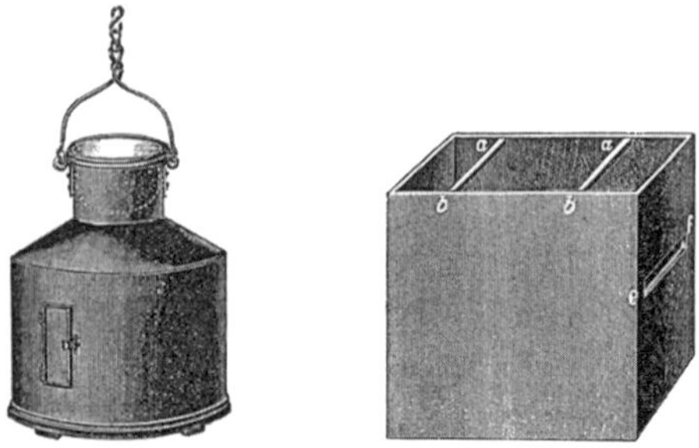

Zinkblechkanne für den Fischtransport und die Kiste, in welche die Kannen eingehängt werden, damit sich die Schiffsbewegung nicht auf die Kannen überträgt

Als besser geeignet gelten emaillierte Kannen, weil sie sich gut mit Meerwasser vertragen und das Material keine Verbindungen eingeht, »die den zarten Kiemen oder den inneren Theilen der Fische schaden können.« Sie werden in ein Korbgeflecht eingesetzt, um das Abspringen der Emaille zu verhindern. Der Transport der Fische erfolgt stets in offenen Kannen. Nitsche berichtet von einem befreundeten Schiffsoffizier, der mit Erfolg Teleskop- und Schleierschwanzfische aus China und Japan einen großen Kiefernholzbottich, genau von der Art wie sie zum Spülen der Wäsche gebraucht werden, benutzt habe; oben mit Latten vernagelt, sodass genügend Licht in den Bottich drang, aber nur wenig Wasser herausspritzen konnte. Sofern diese Behälter nicht zu stark besetzt sind, brauche das Wasser während einer sechs bis acht Wochen dauernden Reise nicht einmal ausgetauscht zu werden. Auch »gewöhnliche Fischfässer« oder jedes innen sauber gereinigte Fass eigne sich.

Speziell präparierter Holzbottich

Geeignet sei auch eine »Blechfischkanne« mit einem speziellen Aufsatz. Ein integrierter, von außen mit einem Blasebalg oder besser noch einer Fahrradfußpumpe betriebener Durchlüftungsapparat sorgt für frische Luft in der Kanne. Stewards, die den Import besorgen, nutzen diese Behälter für die Reise von New York nach Europa und bringen sie in ihren Kajüten unter, aber es gelte zu beachten: »Von den werthvollen chinesischen Telescopfischen und japanischen Schleierschwanzfischen setze man höchstens 30 mittelgroße Fische in eine Durchlüftungskanne, 15 in eine undurchlüftete Kanne.« Selbst »difficile Fische« könne man an das stehende Wasser im Behälter gewöhnen. Durch Drahtgewebe, Segel und Netze verhindert man, daß Zigarettenstummel, Teer oder Kohlenstaub aus dem Schornstein der Maschine hineingelangen, Katzen über die Fische herfallen oder diese herausspringen. »Auch rachsüchtige Matrosen haben schon ganze Fischtransporte verdorben, indem sie schädliche Stoffe zu den Fischen warfen.«

Blechfischkanne mit Blasebalg-Belüftungsvorrichtung

»ERST ⅔ SHANGHAI UND ⅓ HONGKONG«

Die größte Gefahr von allen für die Fische bestehe in der »Unathembarkeit des Wassers durch Uebervölkerung, Futterreste, todte Thiere, Exkremente der Thiere, Faulwerden des Wassers«; beim Austauschen des Wassers sei zu bedenken, daß sich Wasser sehr von Ort zu Ort unterscheide. Gebot sei, die Fische allmählich an einen Wechsel zu gewöhnen:

»Ist man also z. B. mit Shanghai Wasser ausgelaufen und nimmt in Hongkong neues Wasser, so gebe man erst $^{2}/_{3}$ Shanghai und $^{1}/_{3}$ Hongkong, später $^{1}/_{2}$ Shanghai und $^{1}/_{2}$ Hongkong, dann $^{1}/_{3}$ Shanghai und $^{2}/_{3}$ Hongkong und schließlich eben ganz Hongkong Wasser.«

Stets solle der Kapitän auf den geschätzten Wasserverbrauch aufmerksam gemacht werden, auch wenn die Gefahr besteht, dass dieser dann die Mitnahme der Fischkannen untersagt. Im Notfall aber hätte man noch für die Auseinandersetzung mit dem Kapitän das Argument, dass das benutzte Wasser immerhin zum Scheuern der Schiffsplanken tauge. Irgendwie gelingt es Paul Nitsche, stets dafür zu sorgen, dass seine Transporte direkt neben der Kapitänskajüte untergebracht werden, mehr noch: »Ein mir befreundeter Kapitän hatte aus starken Bambusstöcken ein Gestell geschaffen, über dasselbe eine starke Bambusstange gelegt, an diese die Kannen gehangen und mit Segelleinen Schatten geschaffen.« Ein Augenmerk müsse auch auf die Temperaturempfindlichkeit der Fische gelegt werden, für Fische aus Ostasien sind die Monate April bis Oktober die besten, aus New York können auch in den Wintermonaten an die niedrigen Temperaturen gewöhnte Fische geholt werden.

»MIT EILZUG BEFÖRDERN«

Den Transport per Wagen oder zu Pferde gelte es unbedingt zu vermeiden, oft koste er noch im letzten Augenblick den ganzen Erfolg, weil die Fische zu stark gegen die Gefäßwand geschleudert werden. Anstelle dessen sollten die Fische in

Handkannen oder an Stangen hängend getragen und diese dafür dichter bestückt werden. Überhaupt sei der Transport in hängenden Kannen ideal, denn selbst bei Sturm würden die Fische nicht hin und her geschleudert. Und beim Bahntransport empfehle sich die Begleitung der Kannen im Packwagen, beim Lösen eines Billets für mindestens die dritte Klasse habe man das Recht dazu. Lebende Fische genießen beim Versand mit der Bahn Frachtermäßigung, auf dem roten Frachtbrief steht dann der Vermerk »Lebende Fische« und »mit Eilzug befördern.« Besondere Regeln gelten für den Versand von Meerwassertieren: Aktinien, Seeigel, Schnecken und Muscheln werden mit Seetang oder getränkten Schwammschnitzeln in Körben verpackt, festsitzende Tiere mit den Steinen, Krebse in Behältern mit wenig Wasser, denn sie »müssen Gelegenheit haben, die Nase aus dem Wasser herauszustecken.«

Beim Transport drohen noch andere Gefahren; Betrügereien, Kniffe und raffiniert konstruierte Finten sind im Zierfischgeschäft an der Tagesordnung. Matrosen stehlen und verhökern Fische, Exporteure liefern unbestellte Sachen, was den

Transport von Aquarien mit dem Pferdewagen, im Hintergrund das Leipziger Zoologische Versandhaus Glaschker, um 1900

»Berappigungsact« (gemeint ist die Bezahlung) richtig kompliziert macht. Dann gibt es Fälle, wo Tiere ein paar Mal per Nachnahme geliefert werden, dann aber eine große Sendung nicht eingelöst, von der Post versteigert und vom Besteller zu einem extrem niedrigen Preis ersteigert wird. In diesem Fall gehe der Absender dann »lieber Schneeschippen in die Sahara.« Ähnlich vertrackt kann es werden, wenn nur für solche Tiere Bezahlung vereinbart wird, die den Bestimmungsort lebend erreichen. Es komme durchaus vor, so Nitsche, dass »die mausetodt angekommen Tiere zu exorbitant hohen, oft auch zu Spottpreisen angeboten werden, manchmal durch eine Deckadresse, oft in der unverschämtesten Weise durch den betreffenden Käufer selbst.«

Eine weitere Variation, wie der hoffnungsvolle Fischhändler übers Ohr gehauen wird: »Ein Afrikaner will mir Thiere bringen, bittet aber um Transportgeräthe, die ich ihm, da sein Name einen guten Klang hatte, sogar ein Doktortitel war vorhanden, nach Cairo sandte, franko natürlich und zwar erst nach Bremerhaven, dann, da das Schiff bei der Ankunft der Sachen schon fort war, per Eilgut über Genua, damit alles zur rechten Zeit, nämlich zeitig genug vor seiner Abreise, ankomme. Und Ross und Reiter sah man niemals wieder!«

Zum Abholen der Tiere warte man stets ein Telegramm ab, dass der Dampfer tatsächlich im Hafen eingetroffen sei, »denn Wind und Wetter und andere Umstände verzögern die Einfahrt bisweilen.«

In den kommenden Jahrzehnten kommt es zu einer Professionalisierung der Abläufe: In einer Sammelstelle werden die Fische von einem Beauftragten der Firma abgeholt und zu einem

Hafen gebracht, von dem aus die Verschiffung nach Hamburg möglich ist. Deutsche Importeure sind im Einrichten dieser Ketten besonders geschickt. Es gelingt ihnen, ein Monopol zu errichten und einen großen Teil des internationalen Handels mit Zierfischen über Hamburg zu lenken.

MODENSCHAU

TYPOLOGIE DER STUBENAQUARIEN

Noch bevor es spezielle Behälter gibt, werden Töpfe und Gläser aus Küche und Vorratskammer umfunktioniert. Anfänglich wird die Magd zu Unrecht gescholten, die Gefäße gestohlen zu haben, bis sie sich auf dem Studiertisch des Herrn, mit allerlei Getier und rätselhaft erscheinenden Wasserpflanzen wiederfinden, erinnert sich Emil Roßmäßler. Er bemängelt, daß sich die Glashütten noch nicht in ausreichendem Maße der Herstellung von Aquarien gewidmet haben und auch die Eisengießereien Kastenaquarien nicht in größerer Auswahl fertigen, dabei würde sich, so ist er überzeugt, »nach dem Gesetz des Verkehrs die Befriedigung der Nachfrage« schon einstellen.

Ein billiges Glasschalen-aquarium

Kabinettsaquarium

Aber schon bald, in den 1860er Jahren, gibt es Aquarien neben der beliebten Kelchform in allen möglichen Formen und Kombinationen – vier-, sechs- oder achteckig und oft so sehr verziert, daß man sich fragen muß, ob es dabei überhaupt noch um den Inhalt des Aquariums ging. Oft werden eine oder mehrere Wände des Aquariums aus grauem Schiefer hergestellt, damit das Wasser im Sommer kühler bleibt und ein für die Tiere angenehmeres Halbdunkel geschaffen wird. Die Krümmung des Glases bei den runden Formen bringt den Nachteil mit sich, daß die Beobachtung des Inneren erschwert wird und auch die Lupe, »der Aufschließerin einiger der schönsten Schönheiten des Sees im Glase«, nicht zu gebrauchen ist.

Zu den ungewöhnlichen Formen zählt das über eine Skizze überlieferte »Kabinetts-Aquarium«: Auf einem prunkvoll verzierten Regal sind rund zwanzig Glasbehälter angeordnet, die nach oben hin kleiner werden.

Aus der Zeit um 1858 überliefert ist die Abbildung einer kleinen Aquarienanlage im Zoo von Frankfurt am Main. Vor einem Fenster sind symmetrisch sieben miteinander verbundene Becken angeordnet, die von einem verschnörkelt verzierten Tisch getragen werden.

Eine weitere Sonderform ist das sogenannte Paludarium oder »Sumpfaquarium«. Es vereinigt Aquarium und Terrarium in sich, das heißt oberhalb des Wasserspiegels gibt es freiliegende Felsbrocken und mehrere Pflanzen, auf denen Lurche und Schildkröten Platz haben.

Aquariumseinrichtung im Maurischen Haus des Frankfurter Zoos

In der Literatur kursiert auch ein besonders edel ausgestattetes »Salon-Aquarium«, auch »Zimmer-Fontäne mit Blumentisch und Aquarium« genannt, dessen Vorzug darin bestehen soll, dass es die Luft des Raumes, in dem es steht, reinigt und anfeuchtet und damit »einen außerordentlich wohltuenden Einfluß auf die Gesundheit ausübt.«

Salonaquarium mit Fontäne

Die Kombination von Fischen und Kanarienvogel taucht in verschiedenen Varianten auf. Zuweilen bekommt die Vogelvoliere einen wassergefüllten Glasaufsatz, der so ausgehöhlt ist, dass ein kleiner Vogel darin bequem auf einer Stange Platz nehmen und die ihn umschwimmenden Fische beobachten kann. Diese Idee ist nicht neu. Schon im Biedermeier wurden Goldfisch und

Mit einem Fischglas kombinierter Vogelkäfig

Kanarienvogel zu unfreiwilligen Stubengenossen. So mancher glaubte sogar eine ungewöhnliche Interaktion zwischen Fisch und Vogel zu erahnen. Man sitzt stundenlang davor und glaubt zu sehen, wie die Goldfische zum Zwitschern des gefangenen Vogels tanzen.

Oft werden Aquarien auf Fensterbänken platziert oder sogar, wie das Beispiel in Lloyd's Katalog von 1858 zeigt, an ein Fenster als Kasten angebaut. Die Aufstellung des Aquariums am Fenster ist in jedem Fall problematisch, denn mit der Belichtung der Fische vom Fenster her liegt die dem Betrachter zugewandte Seite immer im Eigenschatten – oft scheinen sie dadurch farblos und kommen nicht zur Geltung. Außerdem fördern die direkt auftreffenden Sonnenstrahlen die Algenbildung. Erst das spätere Oberlicht-Aquarium, bei dem ein schräg über dem Aquarium befestigter Spiegel einen indirekten Lichtstrahl von oben erzeugt, bringt Besserung. Hier wachsen die Pflanzen dem Licht senkrecht zu, auch die Schlagschatten verschwinden, das Aquarium mit seinem matten, milchigen Licht vermittelt einen fast mystischen Eindruck.

Aus den 1890er Jahren stammt die Skizze eines von Blumentöpfen umstellten »Terrassenaquariums«, das besonders belastbare Eisenrahmen voraussetzte und bei dem drei unterschiedlich große Becken übereinander in Position gebracht werden. Das erlaubt, verschiedene Milieus zu schaffen und Tiere zu trennen, die sich in einem Becken nicht verstanden hätten.

Dann werden Aquarien auch direkt in die Wand eingelassen. Sie funktionieren wie in sich bewegte Bilder. Die »Wandaquarien« haben jedoch ihre Tücken:

> »Obwohl dieselben ein paar Tage nach der Einrichtung recht hübsch aussehen, so ist es mit der Herrlichkeit doch bald aus, das Ganze ist nur Spielerei und da ein solches Aquarium an der Wand hängen soll, auch sehr unsicher, denn nur zu leicht kann es vorkommen, daß die Haken ausreißen und das Aquarium herabfällt; das wäre denn eine schöne Bescherung und recht kostspielig zugleich …«

Eine Sonderform stellt das »Bassin- oder Beckenaquarium« dar: Es wird zunächst vor allem in England mit einem Boden aus Ton in den Boden von Wintergärten und Gewächshäusern eingelassen. Alle diese Behälter haben in ihrer Mitte einen Felsenaufbau, auf dem Sumpfpflanzen und Farne über die Wasseroberfläche herausragen. Sie gelten auch als Ersatz der natürlichen Teiche und Tümpel in der Umgebung der Städte, die immer häufiger zugeschüttet und trockengelegt werden. Meistens sind diese Bassins mit einem Springbrunnen versehen. Die genaue Beobachtung der Wasserbewohner ist problematisch.

Bassinaquarium in Chatsworth

Anzeige für das Wilhelminische Aquarium

Das wohl aberwitzigste deutsche Aquarium ist ein mit vier wilhelminischen Geiern verzierter Kasten, der 1895 in den *Blättern für Aquarien- und Terrarienfreunde* von einer Hamburger Fabrik angepriesen wird.

Eine sehr ungewöhnliche Variation bietet das »Insektenaquarium«, jene, wie es in einem Artikel der *Blätter* der 1890er-Jahre heißt, »hochinteressante Spezialität«, die unbedingt den »Schweiß des Edlen« wert sei. Solch ein »Aquarium« wird vorzugsweise von Wasserspinnen bevölkert, schließlich gebe es, so der Verfasser, nichts Anziehenderes, als Spinnen beim Bau ihres Netzes zu beobachten: »Beim Untertauchen ist der Hinterleib wie mit einer wie Quecksilber glänzenden Luftblase umgeben, die ihr den Namen »Silberumflossene« eingetragen hat.«

Wenn das Geld für einen speziell für diesen Zweck vorgesehenen Behälter fehlt, sind dem Einfallsreichtum keine Grenzen gesetzt, schließlich, so heißt es in einer Ausgabe der *Blätter- für*

Aquarien- und Terrarienfreunde von 1890, besitze der wahre Liebhaber auch stets die Mittel zu seiner Liebhaberei. Ein Abonnent erinnert sich, wie er, da seine Mittel für die Anschaffung einer Glasglocke nicht ausreichten, kurzerhand einen nur wenige Groschen teuren Schwefelsäureballon zum Aquarium umfunktionierte. Um die Flasche wickelte er einen in Terpentin getränkten Faden und zündete diesen dann an. Nachdem die Flamme gelöscht war, flog die Flasche in zwei Teile – so als wären sie mit dem Messer geschnitten worden. Die Hälfte mit dem Flaschenhals dient dann als Aquarium. Der Hals wurde mit pechgetränktem Spund umwickelt, wodurch dann noch ein Springbrunnen- und Abflussrohr gezogen wurde. Ein Baumstumpf aus dem Wald gereicht als natürlicher Fuß des Ganzen.

Außerdem ist in den späteren Fachzeitschriften wiederholt von Aquarien aus Steingut die Rede. Ihr Sinn erschließt sich nicht ganz, denn die Tiere können – wenn überhaupt – nur von oben betrachtet werden; vom für das Gedeihen der Pflanzen notwendigen Licht ganz abgesehen.

Es ist die Zeit der Kleinstlandschaften. In überschaubaren Szenen wird die Welt niedlich herausgeputzt: Die Miniatureisenbahn, erstmals 1891 auf der Leipziger Frühjahrsmesse vorgestellt, verlangt nach einem kontrastreichen bergigen Hintergrund, an dem sich der mit einem Uhrwerk betriebene Zug entlangschlängeln kann. Und die »Meereslandschaft« des Aquariums wird mit kleinen Tuffsteingrotten bestückt, die es fertig im Fachhandel gibt, oder man setzt sie sich aus »recht hübsch durchbrochenen, zackigen Stücken« unter Verwendung von Zementbrei selbst zusammen. Eine andere Variation sind kleine schwimmende Inseln aus Korkholz, »ein klippenreiches Eiland … in der Mitte mit einer runden Öffnung, in welche ein kleines Blumentöpfchen eingesenkt werden kann.« Aquarianer warnen vor dem »schädlichen Krimskram« und »übertriebenen Künsteleien« wie kleinen Burgruinen, »weil die einfache und erhabne Schönheit der Natur verdeckt werde«, heißt es 1886 in der *Isis*.

Im Laufe der 1880er- und 1890er-Jahre kommt mehr Technik hinzu: Elektrischer Strom ermöglicht fließendes Wasser und Heizapparate für die an höhere Temperaturen gewöhnten tropischen Fische – sofern sie nicht einfach auf den Ofen gestellt werden. Reflektoren, mit dessen Hilfe der Lichtstrahl verbreitert auf die Wasseroberfläche gelenkt wird und abends oder an dunkleren Tagen den »deutlichen Einblick in das Aquarium« ermöglichen. Damit ist es mit den »Hilfsmitteln zur bequemen Instandhaltung von Zimmer-Aquarien« nicht genug: Immer weiter optimierte Springbrunnen, wo die Luft »durch den herabfallenden Strahl von oben mit in das Wasser hinabgerissen« wird oder »Wasserfall-Anlagen«, »Fontänen-Triebwerke« und ähnliche Apparaturen bereichern das Spektrum. Sie sollen die Sauerstoffversorgung und Bewegung des Wassers sicherstellen.

Aquarium mit einfachem Durchlüfter

Eine in Zeitz hergestellte Zimmerfontäne funktioniert nach dem Prinzip des Heronsbrunnen. Zwei luftdicht geschlossene, über ein Rohr miteinander verbundene und um eine Achse drehbare Eisenballons sorgen für einen fortwährend arbeitenden Springbrunnen. Das aus dem Wasserbecken abfließende Wasser verdichtet die im unteren Ballon enthaltene Luft, deren Druck das in dem oberen Ballon enthaltene Wasser als Strahl durch das Springrohr nach oben treibt. Ist der obere Ballon geleert, ist der untere gefüllt, und es genügt eine einfache Drehung des Ballons um die Achse, um das Spiel von Neuem beginnen zu lassen.

GALGEN IN ZIMMERHÖHE

Zu den kompliziertesten Geräten für das Aquarium dürfte ein in der *Naturwissenschaftlichen Wochenschrift* von 1889 auf drei ganzen Seiten beschriebener Durchlüftungs-Apparat zählen. Zwei Zinkkessel, ein Gebläse, ein Regulierkreuz und diverse Schläuche verbinden sich zu einer Installation, die man auf den ersten Blick für die Frühform eines Tropfs mit Infusionslösung halten könnte. Träger ist ein Galgen, der sich nach der Höhe des Zimmers richtet. Offenbar ist sich der Konstrukteur Hermann Lachmann, der seine Konstruktionen parallel in mehreren Zeitschriften verbreitet, bewusst, dass die Apparatur den ästhetischen Gesamteindruck des Aquariums schmälern kann. Er weist darauf hin, dass sie nicht unmittelbar neben dem Tank aufgestellt werden muss, das könne auch in einem anderen Zimmer, im Keller »oder sonst an irgendwelchem Ort« geschehen – in diesem Fall bräuchte nur das Leitungsrohr verlängert und an den Zimmerecken entlang geleitet zu werden. Nun aber zum Funktionsprinzip:

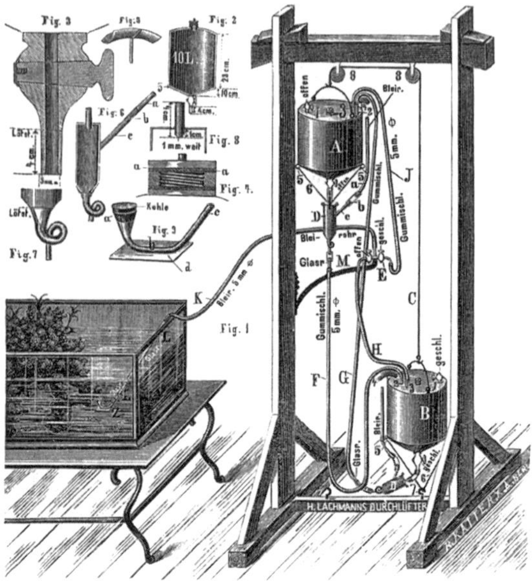

Lachmanns Durchlüfter, 1889

»Das Wasser aus dem obern Kessel tritt tropfenweise in das Gebläse D ein, wird hier durch den Gegendruck vom Aquarium aus und durch die Windung der Schnecke aufgehalten, und zwar so lange, bis sich im Gebläse genügend Wasser gesammelt hat, um den Gegendruck zu überwinden, worauf es abläuft und von der durch das Luftrohr am Gebläse zugeführten Luft mehr mit sich reißt, als das Volumen des Wassers ausmacht. Die Luft im untern Kessel wird durch das zufließende Wasser und die damit neu hinzukommende Luft zusammengepreßt und durch den einzigen Ausweg Röhrchen 3 fortgedrängt, von wo sie ihren Weg durch das Kreuz E, Ableitrohr K nach dem Zerstäuber Z im Aquarium nimmt und hier feine Perlen bildend in das Wasser austritt.«

»H. Lachmanns Durchlüfter«, der ohne jeden Wasserverbrauch arbeitet, könne nun von jedem Klempner hergestellt werden, und so vertrackt das alles auch erscheinen mag: »… das Wohlsein der Aquarienbewohner wird reichliche Entschädigung dafür sein.«

Natur kann nicht mehr Natur an sich sein. In einem Zeitalter, das den technischen Fortschritt anbetet, muss selbst das Aquarium an den Tropf der Maschine. Ohne den viel größeren und als Symbol der Industrialisierung übermächtigen Durchlüftungsapparat kann das Aquarium und die in ihm auf Gedeih und Verderb gefangene Natur nicht überleben.

BEWEGTE BILDER IM WOHNZIMMER

Im Zentrum bürgerlicher Existenz, dem Salon und Wohnzimmer, angekommen und neben allerlei exotischen Objekten aufgestellt, ermöglicht das Aquarium die Tuchfühlung mit einem Surrogat der Natur mitten in der Stadt. Mit seinen organischen Formen und oft auch überbordenden Ornamenten wertet es das Wohnzimmer, dieses Rückzugsgebiet vor der faszinierenden, aber oft auch als hässlich empfundenen industriellen Welt, die in der zweiten Jahrhunderthälfte mit aller Kraft an Gestalt gewinnt, auf und macht die für die Bewahrung der eigenen Identität so wichtige Wohnwelt erträglicher. Das Aquarium, das richtige bewegte Bilder liefert, findet seinen Platz neben den Elfenbeinfigurinen, orientalischen »Mohrenstatuen« und dem gotischen Schlafzimmer. Warum soll man überhaupt noch woandershin gehen, wenn der Salon der Familie, mit dem sich diese auch nach außen repräsentiert, alles bereithält, um sich

Heimaquarium in *Weekly Welcome*, London 1879

auf der Höhe der Zeit und nahe der Natur fühlen zu können? Man will fast gar nicht mehr hinaus, allenfalls noch vor die Tür. Das Aquarium wird Teil der Ästhetik, mit deren Hilfe, so Hermann Glaser, die allseits sichtbare Armut und das Gefühl politischer Ohnmacht verdrängt wird. Wohnwelt als »Wahnwelt.« Das Aquarium ist Teil der »Puppenstube«, aus der Henrik Ibsens Nora die Flucht ergreifen muss, um ein eigenes Leben führen zu können.

Zwar befindet sich das Aquarium im Einzugsbereich der Frau, die Beschaffung des Zubehörs aber liegt in der Hand des Herrn im Hause, so wie dieser auch den Christbaum zu Weihnachten aus dem Wald holt. Dennoch war das neue Accessoire nicht immer eine Liebe auf den ersten Blick:

In den Räumlichkeiten besser gestellter Damen scheint das Aquarium im Deutschen Kaiserreich (und ganz anders als anfänglich in England) lange als unpassend empfunden worden zu sein, die Begeisterung dafür schwappte erst mit Verzögerung über. Das änderte sich jedoch im Laufe der Jahrzehnte, weil man lernte, besser mit den Herausforderungen der Tierhaltung umzugehen.

»THEATER VON NEUER ART«

DIE GROSSEN AQUARIEN

Obwohl der Betrieb so kompliziert ist, erlebt das private Meerwasseraquarium zunächst für kurze Zeit in England, etwas später an der Küste der Vereinigten Staaten, vereinzelt aber auch in Frankreich und Norddeutschland eine kleine, aber zähe Welle der Beliebtheit. In vielen anderen Ländern bekommt es erst im größeren Maßstab, unter professionellen Bedingungen, eine Chance. Die Publikums- oder Schauaquarien gehen fast durchgängig als Anhang der schon in den Jahrzehnten zuvor gegründeten Zoologischen Gärten in Betrieb.

Das erste Publikumsaquarium öffnet seine Türen im Mai 1853, es ist das »Fish House« im Londoner Regent's Park. Zwei Fotos sind davon bekannt. Von seiner äußeren Gestaltung her erscheint es als klassische Eisen-Glas-Konstruktion, ganz wie ein Gewächshaus. Drinnen gibt es eine ganze Batterie kleiner Meer- und Süßwasseraquarien, die teils an den Wänden angebracht, teils auf Tischen in der Mitte des hellen Raumes platziert sind – Letztere mit Schieferplatten abgedeckt, um Sonne und Staub abzuhalten. An ein Wasseraustauschsystem ist noch nicht zu denken, frisches Wasser wird ständig aus dem Meer herbeigeholt. Im Rückblick erinnert sich der Wiener Alexander Ussner 1860:

> »Ein Ruf der Bewunderung und des Erstaunens ging buchstäblich nicht bloß durch Europa, sondern durch die ganze civilisirte Welt, als diese erste Wassermenagerie den zuströmenden Besuchern, durch diese in Schrift und Wort den entfernt daran Theilnehmenden sich erschloss, – als die Farbenpracht, die Formenmannigfaltigkeit der bisher nur dem Gelehrten dürftig bekannten Meeresschöpfung vor den Augen aller sich entfaltete [...]«

In Europa, wo schnell ein Wettbewerb um das beeindruckendste Aquarium in Bewegung kommt, folgt 1860 auf dem Gelände des Pariser Jardin d'Acclimatation eine Aquariums-

Das Innere des Londoner »Fish House« des ersten öffentlichen Aquariums

Außenansicht des Aquariums im »Jardin Zoologique d'Acclimatation«

Der Besuchergang im »Jardin Zoologique d'Acclimatation«

architektur, die speziell für diesen Zweck geschaffen wird: Ein fensterloser Ziegelsteinbau, an dessen Längsseiten Aquarienbehälter in die Wand integriert sind. Die Anlage gleicht einer Passage. Arthur Mangin, einer der wichtigsten Popularisierer der Naturwissenschaften im Frankreich dieser Zeit, beschreibt das Gebäudeinnere als »Theater von ganz neuer Art, wo das Drama des unterseeischen Lebens in seiner Wirklichkeit dargestellt wird.«

Auch die Belichtung gehorcht anderen Prinzipien als beim vergleichsweise simplen Londoner Fish House. Im Galeriegang ist es halb dunkel, Licht tritt nur von oben durch die Glasbehälter ein. Die präzise Regulierung des Lichteinfalls ist dabei ein entscheidender Faktor, denn sobald zu viel davon in die Becken fällt, vermehren sich die Algen im Wasser so stark, dass sie das Wasser trüben und die Durchsichtigkeit mindern. Haben sich die Augen der Besucher erst einmal auf die Lichtverhältnisse eingestellt, folgt eine ganz neue optische Erfahrung:

> »Da der Blick nicht durch die umgebenden Gegenstände abgelenkt wird, so richtet sich die ungetheilte Aufmerksamkeit auf das lebende Polyrama, das man vor sich hat, und da die Idee der Größe nur eine relative ist, so nehmen die Bilder in den Augen des Beschauers bald immer größere Verhältnisse an, oder vielmehr ihre wirklichen Verhältnisse verschwinden und machen in der Wahrnehmung eines Jeden denjenigen Platz, die ihnen die Einbildung leiht.«

Das Polyrama meint das *Polyrama Panoptique* oder Diorama, wie es von Louis Jacques Mandé Daguerre schon 1822 vorgestellt wurde: Eine auf wechselnde Effekte angelegte Schaubühne im dunklen Raum, bei der sich die Bilder so an den Zuschauern vorbeibewegen, dass diese das Gefühl haben, sich inmitten des Gezeigten zu befinden. Auch die *Deutsche Bauzeitung* geht auf die Furore machende Beleuchtung und optische Wirkung der Becken ein:

> »Hierdurch erst gewann das Leben in denselben seinen eigenthümlichen Reiz und die angemessene naturalistische Wirkung, die es vergessen macht, wie viel künstliche Mittel zu einer solchen Schaustellung angewendet werden müssen.«

In dieser Form und Größe als Nachstellung und Simulakrum der Unterwasserwelt dargeboten, wird das Aquarium selbst für diejenigen, die sich schon in der eigenen Wohnung daran versucht hatten, eine völlig neue Erfahrung. Noch nie haben die Besucher so viele Meerestiere konzentriert und ohne äußere Einflüsse gestört wahrnehmen können. Die gemeinsame Wahrnehmung des Spektakels durch viele Menschen, die sich gleichzeitig in dem Gang aufhalten, steigert die Wirkung.

Zu den ersten Publikumsaquarien auf dem europäischen Kontinent zählt neben dem Pariser auch das unter Federführung von Gustav Jäger 1860 eingerichtete, aber nur vier Jahre lang aufrechterhaltene Wiener Seewasseraquarium, das dieser mit einer Schaustellung mikroskopischer Gegenstände verknüpfte und aus dem sich später der Zoologische Garten entwickelt (sonst war es in den meisten Fällen umgekehrt). Es umfasst fünfzehn große Becken. In einer Begleitschrift, die leider keine Abbildungen enthält, ist vom »Aquarien Salon Wien« die Rede. Schon seit 1854 war die Stadt durch die Semmeringbahn mit dem Mittelmeer verbunden, und 1858 begann Gustav Jäger mit einem kleinen Meerwasseraquarium zu experimentieren. Jäger war auch auf anderen Feldern aktiv, so hat er sich einen Namen als Propagandist naturbelassener Wollwäsche gemacht (»Die Normalkleidung als Gesundheitsschutz«, 1881) und wurde auch »Wolljäger« genannt. Der Verkauf der »Jägerwäsche« erfolgte über Niederlassungen der Firma Benger in Paris, London und New York.

»LUFTPERLEN WIE AUS EINEM GLASE CHAMPAGNERS«

Im Jahr 1865 heißt es in der *Gartenlaube*, dass der »Marine-Aquariums-Tempel des zoologischen Gartens in Hamburg«, dieses »Meeres-Feenschloß«, selbst das Londoner Aquarium in den Schatten stelle. »Der Kunsttempel, das Atelier für Ausstellung und Cultur aquatischer Lebensgebilde«, besteht aus einem Salon mit zwei Galerien und zehn großen Glasbehältern, einem nördlichen und südlichen mit jeweils sechs kleinen, und einem westlichen mit einem großen Behälter. Das Wasser zirkuliert durch die Becken, verbrauchtes Wasser fließt ab, wird gereinigt und neu mit Sauerstoff angereichert. Die Photosynthese werde überdeutlich erkennbar:

> »Wie aus einem Glase eingegossenen Champagners dichte Reihen von Luftperlen emporeilen, so sprudeln von den lichtgetroffenen Pflanzen unten lustige Bläschen sich befreienden Sauerstoffs wie feinste Diamantenketten herauf. Die wunderbaren Creaturen darin freuen sich dieses sprudelnden Luft-Champagners und wehen und

Querschnitt des Hamburger Aquariums

> winken und kokettieren angesäuselt mit ihren farbenreichen Federbüschen und gesticuliren mit ihren zahlreichen Fangfingern oder fliegen und flitzen zwischen den Grotten und Höhlen umher, wie lustige Buben, die aus der Schule hervorlärmen.«

Als Hauptattraktion für die Zuschauer aber gilt die Fütterung, zugleich eine gute Gelegenheit für weitere prosaische Höhenflüge:

> »Da diese niedrigsten Gebilde von Thier- und Thierpflanzen-Organismen wenig Geist haben und ihr ganzes Thun, Treiben und Trachten auf Nahrung gerichtet ist (sie sind also wie viele gute Unterthanen in intelligenten Menschenstaaten), so entwickelt sich ihre ganze Eigentümlichkeit und Energie am (charakteristischsten) und in höchster Blüte beim Fangen und Fressen, so daß die Anwesenheit des Publikums besonders interessant ist.«

In einer versteckten Fußnote dann der kleinlaute Hinweis, dass das so perfekt konstruierte Hamburger Aquarium nicht für so massenhaft im Meer vorkommende Heringe und Makrelen tauge, sie würden schon nach einem Tag verenden. Das Fazit: »Wie wenig ist also der Mensch im Stande nachzuahmen, was die Natur mit Leichtigkeit vollbringt.«

»MAN RENKT SICH IN FATALER STELLUNG FAST DEN KOPF AUS«

Neue Töne werden bei einer zweiten, aber beständigeren Reihe von Aquarienbauten angeschlagen. Die andere Fraktion der Aquariumsarchitekten will der Fantasie der Zuschauer Flügel verleihen, indem man nicht mehr nur die Aquarienbecken selbst wie kleine Felsenlandschaften ausstaffiert, sondern die ganze Ausstellungsarchitektur als Grotte inszeniert – jene bis ins 16. Jahrhundert zurückreichende Marotte. In dieser Sparte sind die Franzosen die Vorreiter. Mit den großen Aquarien zunächst 1866 auf dem Pariser Boulevard Montmartre und ein Jahr darauf auf der Pariser Weltausstellung auf dem Champ de Mars verwirklichen sie erstmals ein neues Konzept mit mehreren Grotten. Besondere Attraktion ist dort ein Raum, dessen Decke ganz aus Glas ist und wo der Zuschauer mit steil nach oben gerichtetem Blick das Treiben im Becken beobachten kann – so als würde er selbst auf dem Meeresgrund stehen. So zumindest ist die Idee, in der Wirklichkeit muss der Eindruck weniger imposant gewesen sein. So schreibt ein Dr. Friedel über eine ähnliche Einrichtung in Paris 1878: »Diese Einrichtung erscheint mir gekünstelt und unbequem – man renkt sich in fataler Stellung fast den Kopf aus, um Nichts zu sehen, denn die

Fische lieben es gerade nicht, sich von unten beikommen zu lassen.« Hinzu kam, dass dieses »Deckenaquarium« nach oben hin nicht abgedeckt war und Regen wie Wind die Oberfläche regelrecht aufwühlte. Fünfundsiebzigtausend Liter Wasser über den Köpfen der Zuschauer: Ein waghalsiger Versuch! Nicht auszudenken die Folgen, nicht nur für die Fische, wenn das Glas zu Bruch gegangen wäre ... Der französische Schriftsteller Théophile Gautier beschreibt, wie die Wesen im Aquarium ausgeliefert sind, sie werden zu unfreiwilligen Exhibitionisten:

> »Das Aquarium lüftet ihre Geheimnisse. Mit seiner Hilfe wird man das Privatleben dieser feuchten Völker erkunden können. Man wird ihre Sitten, ihre Gewohnheiten, ihre Sympathien und Antipathien kennen lernen, denn sie werden – dem Wunsch des Weisen entsprechend – ein Haus mit gläsernen Mauern bewohnen, das kein Geheimnis für sich zu behalten im Stande ist.«

Das Rund-um-Aquarium auf der Pariser Weltausstellung 1867

Die Grottenmode, wie sie schon im Italien des 16. und 17. Jahrhunderts etwa in den Boboli-Gärten in Florenz (hier übrigens als Ausdruck der Furcht vor einer endzeitlichen Überschwemmungskatastrophe) ihre Blüte erlebt hatte, ist lange vorbei. Nun erlebt sie unter dem Vorzeichen des Eklektizismus dieser Zeit eine kraftvolle Renaissance, mit einem wichtigen Unterschied: Diesmal geben die Grotten nur die Fassade für das ab, worauf sich das Interesse der Besucher konzentriert. Die Grotte an sich ist nicht mehr die eigentliche Attraktion, steht nicht mehr für sich und im Zentrum. Der flanierende Besucher bewegt sich in der Vergangenheit der Grotte und wirft den Blick und seine Projektionen in eine ozeanische Traumwelt und Zukunft. Es handelt sich also noch um eine Steigerung des »lebenden Dioramas«, die mehr Erlebniswert aufweisen soll. Die Grotten besitzen jetzt auch die Konnotation von Korallenriffen, die in ihrem Kern nichts anderes als eine massive Ablagerung toter Tierkörper sind. Dieser Stil für Aquarien ist zählebig, noch 1902 wird auf der ägyptischen Nilinsel Gezira ein auf diese Art gestaltetes Schauaquarium eingerichtet.

GROTTE IM MÄRKISCHEN SAND

Zum Typus der Grottenaquarien zählt auch das Berliner Aquarium. Es ist zeitgemäß großspurig als Aktiengesellschaft geplant, und der Gründungsausschuss, dem neben »Tiervater« Alfred Brehm zwei Bankiers, ein Justizrat, ein Schriftsteller und ein Baumeister angehören, fordert die Berliner 1867 zur Zeichnung von Anteilen im Wert von 200 000 Talern auf. In zentraler Lage – Unter den Linden/Schadowstraße – wird zwischen den Brandmauern der umgebenden Gebäude eine Struktur geschaf-

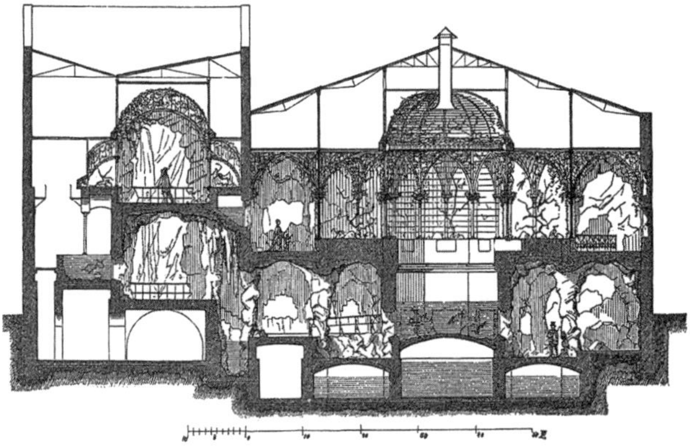

Querschnitt durch das Berliner Aquarium

fen, die das zweistöckige Aquarium bildet. Es ist schon ein recht seltsam »entrückter« Komplex: Von außen ist nichts zu sehen, nicht einmal Fenster gibt es, das Tageslicht fällt nur durch das Dach ein. In den ersten Jahren liefern Gaslampen spärliches Licht. Aus dem Harz, dem Thüringer Wald, dem Riesen-, Erz- und Siebengebirge wird Naturstein zusammengetragen, mit dem man die gewölbeartigen Grotten verkleidet.

Im Mai 1869 war es dann so weit, das Aquarium kann in Anwesenheit von König Wilhelm I. eröffnet werden. Die *Vossische Zeitung* zitiert ihn: »Obgleich mir die Königin viel von dem Aquarium erzählt hat, so sind meine Erwartungen doch bei Weitem übertroffen worden.« Alfred Brehm konnte über die wohlwollende Äußerung froh sein, denn, wie andere schreiben, muss das Wasser in den Becken milchig trübe gewesen sein.

Brehm will die Menschen überraschen und ihnen das Gefühl geben, in eine mit der »freundlichen Hilfe« des Meergottes ausgewaschene, unterseeische Grotte versetzt zu sein, wobei alle Spuren menschlicher Arbeit absichtlich verwischt sein sollen.

Die fünfzig Schaubecken fassen einhunderttausend Liter Wasser – der Knackpunkt des Ganzen. Inzwischen hat man mit der künstlichen Herstellung Erfahrung gewonnen. Das fertige Element fließt in ein ausgeklügeltes Kreislaufsystem ein: Über Kreiselpumpen wird das Wasser aus den im Keller gelegenen Zisternen in das etwa sechzehn Meter hoch gelegene Reservoir gepumpt, von wo aus es durch Röhren, in denen es mit Luft vermischt wird, in die Becken fließt. Das abfließende Wasser gelangt dann über einen aus Kies und Sand bestehenden Filter zurück in die Zisterne.

Die Scheiben der Wasserbecken im Untergeschoss wirken wie zufällige Durchbrüche in den Felswänden. Auf einer treppenartigen Grotte ist eine Fischzuchtanlage angelegt, anhand verschiedener Bruttröge kann die Metamorphose vom Ei zum Jungfisch verfolgt werden. Neben Wassertieren zählen auch Vögel, Schlangen und einige Säugetiere zum Programm, denn Brehm will erreichen, dass ein Spaziergang von der Wüste durch den Urwald bis zum Meer geboten wird. Bevor der Besucher zum Ausgang gelangt, gibt es die Blaue Grotte von Capri – ein schon 1826 durch den Schriftsteller August Kopisch und den Maler Ernst Fries erschlossenes beliebtes Motiv der Romantik.

Die *Deutsche Bauzeitung* kommentiert die Entscheidung für den Grottenstil: Wird den alten Grotten der Renaissancezeit und der »letzten Zopfperiode« (gemeint ist die zweite Hälfte des 18. Jahrhunderts) nicht einmal mehr der Status als »künstlerische Gebilde« zugebilligt, handele es sich dabei doch um zu Heiterkeit Anlass gebenden »Puppenkram.« Anders bei der Aquariumsgrotte:

> »Trotz der originellen, naturalistischen Gestaltung
> des Ganzen erscheint doch kaum etwas gesucht oder

> manierirt, nichts als eine künstlich aufgezwungene Dekoration, sondern wie organisch gewachsen, wie von selbst entstanden muthet uns Alles an, was wir sehen.«

Rückblickend erinnert sich Dorothee Goebeler 1907 im Berliner *Lokal Anzeiger* an den Nachhall der fantastischen Bilder beim Verlassen des Aquariums:

> »Ich achtete nicht auf meine Schritte, wie leises Meeresrauschen klang es mir in meinen Ohren, ich sah die Fluth steigen und die Brandung schäumen; vor mir bewegte sich noch ein fremdartiges Leben, wie ein Kaleidoskop flimmerte es mir vor den Augen, das Meer leuchtete weithin mit elektrischem Licht, Fische strichen durch die grüne See, Hummer und Polypen regten (hundert) Gelenke zugleich, und das braune Seemannsliebchen winkte mich mit zarten Fingern zurück zur unterseeischen Flur, wo die Meeresanemonen schweigsam blühen.«

Schon in den ersten drei Monaten kommen mehr als hunderttausend Besucher. Doch mit der Technik hapert es: Glasscheiben zerbersten unter dem enormen Wasserdruck, die Hohlräume hinter den Grottenwänden bieten Ratten Zuflucht, und das Salzwasser zerfrisst Rohre und Pumpen. Später werden diese von innen emailliert, um der Korrosion vorzubeugen. Die Lebenserwartung der Tiere ist nur kurz, und es gibt logistische Probleme mit dem Nachschub. Wie bei vielen Schauaquarien ist auch der Betrieb hier kein einträgliches Geschäft, der Besucherandrang ist auf Dauer nicht stark genug. Immer wieder bemüht man sich, mit kleinen Zeitungsnotizen die Menschen in die Grotten zu locken. 1876 wird der erste Gorilla, der

Partie aus dem Rundgang des See-Aquariums

Die Basaltgruppe im Berliner Aquarium

lebend auf das europäische Festland gelangt ist, als Attraktion im Aquarium gezeigt. Außerdem gibt es verschiedene Nebenaktivitäten. Ein paar Jahre lang verkauft das Haus sein künstliches Meerwasser an Institute in München, Frankfurt und Hannover, und man überlässt Delikatesshandlungen pachtweise Reservebehälter zur Verwahrung von lebenden Hummern und Forellen.

MEERJUNGFRAU, MENSCHENFRESSER-HUHN, AQUARIUM

Werfen wir noch einen Blick auf die ersten großen amerikanischen Aquarien. Nur kurze Zeit nach seinem Besuch in London stellt der legendäre amerikanische Schausteller Phineas T. Barnum, der einen untrüglichen Riecher für alle Arten von publikumsträchtigen Kuriositäten besitzt, in seinem New Yorker »American Museum« 1856 Aquarien aus. Es erscheint hier in einer Reihe mit dem »Weltwunder« einer »echten Meerjungfrau« – hinter »FeeJee Mermaid« verbarg sich der obere Teil eines ausgestopften Affen mit dem Schwanz eines Fisches – der dem »Six Foot Man-Eating Chicken«, hinter dem ein wohl nicht ganz der Erwartung entsprechender Hühner vertilgender Mann steckte…

1859 bewerben Cutting & Butler auf vielen Plakaten mit dem Spruch »Die allerneueste Errungenschaft der populären Wissenschaft« eine für die Bostoner Gesellschaft radikal neue Erfahrung. In einem neoklassizistischen Gebäude werden die »Grand Aquaria« eröffnet – »die Szenerie ist sowohl wunderbar, als auch über alle Maßen schön anzusehen.« Etwa vierzig Becken werden auf Tischen in einem großen Kreis, zu einem

»The Aquarial Gardens«, Boston 1859

großen Aquarienpanorama angeordnet. Als Krönung gibt es in der Mitte ein großes achteckiges Becken mit Barschen und Stören.

Das »Great New York Aquarium« war dann das erste dauerhafte seiner Art auf dem Boden der Vereinigten Staaten. Es geht auf die Initiative des Geschäftsmannes William Cameron Coup zurück, der zuvor die Verantwortung für die Werbekampagnen für Barnums »American Circus« hatte. Als Coup Anfang der 1870er Jahre einige öffentliche Aquarien in Europa besichtigte, kam er auf die Idee, für die Mitte des Central Parks ein Aquarium vorzuschlagen. Die Kommission des Parks lehnte das Vorhaben ab, weil es nicht mit ihrem Verständnis von öffentlichem Raum in Einklang stand. Er ließ sich jedoch nicht abschrecken, kaufte ein Grundstück an der 35. Straße und Broadway und schloss sich mit Charles Reiche & Brother zusammen, einem Importeur seltener Tiere. Das New Yorker Aquarium öffnete 1876. Das kreisrunde Kuppelgebäude hat eine erstaunliche Transformation hinter sich: Erst ist es eine Festung, in der nächsten Phase Einwanderungsstation, dann Konzerthalle und schließlich Aquarium.

Kinder bezahlten 25 Cent, Erwachsene 50 Cent Eintrittsgeld, und es gab neben dem Aquarium auch eine Bücherei, einen Leseraum und ein mit Mikroskopen und Seziertischen ausgestattetes naturkundliches Labor. Im Hintergrund spielte ein Orchester. Die Schaubecken befanden sich auf Straßenebene, die Räume mit der Maschine und den Pumpen sowie die Vorräte an Süß- und Meerwasser im Keller. In der Mitte des Schauraumes stand ein runder Behälter mit neun Meter Durchmesser und zweieinhalb Meter Höhe, in dessen Wände Glasplatten eingelassen waren: »das Gefängnis des Wals«. Es gab auch einen ähnlich großen Behälter für Robben, der allerdings ganz aus Mauerwerk bestand, da man diese Tiere nur

Ein gefangener Haifisch wird zum Transport ins New Yorker Aquarium in einer Kiste verstaut

Entladen eines kleinen Wals ins Schaubecken des New Yorker Aquariums von oben betrachtete. Haie, Rochen, Seebarsche und weitere Meerestiere waren in einem 20-Meter-Becken zu sehen, andere wie Anemonen, Schwämme, Einsiedlerkrebse, Meerbrassen und Schollen in kleineren Becken. Glanzstück des Aquariums war ein mit Steinen ausgestattetes Becken für Seelöwen. Salzwasser wurde regelmäßig mit Hilfe eines speziell dafür ausgerüsteten Dampfers aus Sandy Hook in New Jersey herbeigeschafft, der an verschiedenen Punkten Station machte und auf dem Weg auch interessante Fänge von zuvor genau instruierten Fischern auflas.

Glasbruch! Der Besuch eines Aquariums konnte mit erheblichen Gefahren verbunden sein

Der Wal, die größte Attraktion

Eine Hauptattraktion des Aquariums waren Wale, deren Herbeischaffung – das kann man sich lebhaft vorstellen – eine echte Herausforderung darstellte. Für den Fang bereitete man eine kleine, tiefe Bucht vor, indem man die Meerenge mithilfe einer drei Kilometer langen Reihe eingerammter Pfähle schloss. Bei Flut konnten die kleinen Wale in die Bucht schwimmen, waren aber dort gefangen, sobald sich das Wasser wieder zurückzog. Die Tiere wurden dann in große, mit Algen gepolsterte Holzkästen gehievt, bevor man diese mit Spezialschiffen und Zügen in die Stadt transportieren konnte.

ORT WOHLTUENDER KÜHLE

Neben den auf Dauer angelegten Aquariumshäusern werden (außer bei Weltausstellungen) auch während Industrie- und Länderschauen vorübergehende Anlagen errichtet. Ein Beispiel

Querschnitt des Meerwasseraquariums auf der Pariser Weltausstellung von 1900

sind die aufwendigen Aquarien der Internationalen Fischerei-Ausstellung in London 1883, ein anderes ist der unterirdisch angelegte Aquarienraum in Form einer Steingrotte, der in demselben Jahr anlässlich der Schweizerischen Landesausstellung in Zürich gezeigt wird und den Besucher beim Eintritt mit »wohltuender Kühle« empfängt. Dort finden sich ausschließlich Fische der Schweizer Seen und Flüsse. Die Wasserbecken waren auf beiden Seiten des länglichen Besucherraumes aneinandergereiht, hinter den Becken gab es einen Bedienergang, das Licht fiel von oben hinein. »Den Unterschied der Temperatur drinnen und draußen kann man beim Austritt auf dem vor dem Aquarium postirten J. G. Kramer'schen Barometer kennen lernen.«

JAHRMARKTVERGNÜGEN, WISSENSCHAFT

Der Betrieb eines großen Aquariums ist ein derartig kostspieliges Unternehmen, das dauerhaft meistens nur im Verbund mit anderen Funktionen rentabel zu betreiben ist. Oft wird es über typische Jahrmarktattraktionen wie Zauberer, Gaukler oder ungewöhnliche Tiere quersubventioniert oder die Lage begünstigt den Besuch: Das Aquarium von Brighton an der englischen Südküste (Eröffnung 1872) ist so günstig direkt am Zugang zur Strandpromenade gelegen, dass die zahlreichen Besucher des Badeortes gar nicht anders können, als einen Blick in das fünfhunderttausend Liter umfassende Hauptbecken zu werfen. Die Ankunft eines Tintenfisches zieht dort beinahe soviel Aufmerksamkeit auf sich wie der Besuch eines ausländischen Königs, und der Tod eines Tümmlers ruft so starke Trauergefühle hervor, als würde es sich um ein nationales Unglück handeln.

Das Aquarium von Brighton mit seinem charakteristischen Uhrturm

Eine weitere Art der Aquarien sind solche, die zu allererst wissenschaftlichen Zwecken dienen. Die meeresbiologischen Stationen liegen direkt an der Küste und sind an Forschungsinteressen ausgerichtet. 1874 wird in Neapel die »Stazione Zoologica« eröffnet, deren Tuffsteinbau auch eine Reihe zweckmäßiger Aquarienbecken beherbergt. Im oberen Teil des Gebäudes finden sich die Arbeitsräume der Gelehrten, außerdem gibt es Laboratorien, Konservierungsräume für die Meerestiere und eine umfassende Bibliothek. Die Einrichtung geht auf den deutschen Professor Anton Dohrn, einen Anhänger der damals noch neuen darwinschen Lehre, zurück. In den Räumen herrscht das bunteste Sprachengewirr, weil sich verschiedene Regierungen für jeweils ein Jahr Arbeitsplätze sichern. Es ist ein kosmopolitischer Forschungskomplex: Deutsche, Italiener, Engländer, Russen, Belgier, Schweizer, Holländer und Amerikaner beschäftigen sich mit den marinen Lebewesen, die einheimische Fischer der Station Tag für Tag anbieten oder von den eigenen Fischern an Land geholt werden.

Stazione Zoologica in Neapel

Ein Taucher fotografiert Meerestiere in ihrer wirklichen Umgebung

Über die 1891 vom Deutschen Reich subventionierte Fangstation im istrischen Rovigno werden achtzig bis neunzig Objekte umfassende, präparierte Sammlungen an Museen und Schulen versandt, die alle Gattungen des »niederen Thierreiches« repräsentieren. Für zweihundertfünfzig Mark – Gläser, Alkohol und Emballage inklusive. Das Berliner Aquarium bezieht hier seinen lebenden Nachschub. Vor Ort bewahrt man die gesammelten Meerestiere in durchlöcherten Kästen im Meer auf. Als Zwischenlager für die »Akklimatisierung« dienen zementierte Wasserbecken, die über ein Pumpsystem mit Wasser aus dem Meer versorgt werden. Nach dem Verpacken »überführt« man die Tiere mit der Eisenbahn über Wien nach Berlin. Diese Verbindung macht das Berliner Aquarium »von den Launen des Meergottes« unabhängig. Rudolf Virchow, der die Station 1893 besucht, ist begeistert, denn nun könne es »sowohl dem einfachen Besucher, als auch dem wissenschaftlichen Forscher in früher ungeahnter Frische die lebenden Meeresbewohner vorführen.«

Um die Jahrhundertwende sind es dann schon rund dreißig zoologische Stationen, die sich an den Küsten ansiedeln: In England, Frankreich, Holland, Preußen, Dänemark, Schweden, Norwegen und Russland. Immer mehr Forscher steigen nun auch selbst in die Tiefen des Meeres hinab, man lernt den Umgang mit den Druckunterschieden und bekommt die Dekompressionskrankheit in den Griff. Es ist eine Sache, die Körperstruktur der Tiere zu untersuchen, das kann man im Forschungslabor mit dem Mikroskop tun, nachdem man sie mit Fangnetzen aus dem Meer gefischt hat. Um jedoch das komplexe Ökosystem des Meeres zu verstehen, erscheint es sinnvoller, Studien vor Ort durchzuführen.

Glastunnel im Aquarium von Atlanta

Schon in den 1860er-Jahren hatte die legendäre Argonautenforscherin Jeannette Villepreux-Power die Grenzen der Aquarien für die Wissenschaft aufgezeigt:

> »Wenn man glaubt, mit Hilfe der in Wohnstuben und Gärten gelegenen Aquarien, in weit vom Meer entfernten Städten, interessante Entdeckungen über Meerestiere zu machen, täuscht man sich: man wird keine einzige ernstzunehmende machen. Für den rein zoologischen Aspekt ihrer Struktur ist das möglich, weil schon wenige Tage genügen, um sich ihrer Rechenschaft abzulegen. Anders beim physiologischen Teil. Um den Gebrauch jedes Organes zu studieren, die Phänomene, die sich gemäß der Umstände, der Orte und Zeiten, ihrer Befruchtung, Erzeugung, Reproduktion, ihrer Sitten, ihrer Nahrung und anderer Dinge verändern, braucht man eine längere Zeit.«

Das Ozeanarium von Lissabon

Das alte Aquarium »Vasco da Gama«, am Westrand Lissabons

Aquarium, Aquarius: Die neue Zeit hat begonnen. Zum ultramodernen Ozeanarium, das die Erfolgsgeschichte des Aquariums im 21. Jahrhundert fortschreibt, ist es nur ein kleiner Schritt. Hier wird das gute alte Aquarium auf die Spitze getrieben, radikalisiert. Die Meerestiere betrachten auch die Menschen und nicht mehr nur die Menschen die Fische. Bloß durch eine dünne Glaswand von Haien und Rochen getrennt, wandeln kleine und große Besucher durch einen von Stille gesättigten, transparenten Tunnel.

Ob in Atlanta, Monterey, Bournemouth, Okinawa, Sydney, Genua oder Barcelona – hier und an immer mehr anderen Orten geben ultramoderne Ozeanarien den Ton an, die für sich in Anspruch nehmen, die Meeresfauna noch authentischer zu zeigen. Nichtsdestotrotz ist die Darstellung von »Natur« in solch einem künstlichen Rahmen von Widersprüchen durchzogen, die sich wohl zwangsläufig aus dem Zusammenspiel von wirtschaftlichen Interessen, Bestandserhaltung und dem Bemühen ergeben, ein lehrreiches und unterhaltsames Spektakel anzubieten. Der Vergnügungsaspekt steht noch stärker bei den Sea-Life-Centern im Vordergrund – eine sehr erfolgreiche Kette mit Standorten in Deutschland, Großbritannien, den USA und einer Reihe anderer Länder.

Der Unterschied zwischen Aquarium und Ozeanarium lässt sich gut in Lissabon studieren. Das »Aquário Vasco da Gama« im Westteil der Stadt ist in einem schönen alten Gebäude untergebracht. Drinnen ist es allerdings recht eng und stickig, und jeder, der sich die Fähigkeit zu Mitleid bewahrt hat, muss die großen Meeresschildkröten bedauern, die auf Betonplatten dahinvegetieren.

Ganz anders stellt sich das »Oceanário« auf dem Gelände der Weltausstellung von 1998 dar. Das kubusartige Gebäude beherbergt einen riesigen Wasserbehälter, der von verschiedenen Seiten und Ebenen einsehbar ist. Zudem zeigt das Ozeanarium die Meeresfauna von vier verschiedenen Vegetationszonen.

Ein Beispiel für die Verbindung von Unterhaltung und Wissensvermittlung ist das »Ozeaneum« in Stralsund. Der Schwerpunkt liegt hier auf den nördlichen Meeren – vom Bodden bis zum Nordpolarmeer werden vom Charakter her dennoch sehr unterschiedliche Lebensräume gezeigt. Ein Tunnelaquarium veranschaulicht die Unterwasserwelt in der Umgebung von Helgoland, ein Brandungsbecken zeigt die Wirkung der Wellen auf die Fische, ein Gezeitenbecken Ebbe und Flut im Zeitraffer. Die Nachbildung einer schottischen Küstenhöhle macht deutlich, dass Korallen nicht nur in tropischen Breitengraden vorkommen. Ammenhaie, Bonitos, Rochen sowie Makrelenschwärme lassen sich im Schaubecken *Offener Atlantik* beobachten.

Das Meeresmuseum Stralsund, in einer ehemaligen Klosterkirche aus dem Mittelalter untergebracht, bietet dagegen Einblicke in die farbige Unterwasserwelt der Tropen. In einem 700 000 Liter fassenden Großaquarium wird ein karibisches Riff simuliert. In weiteren Becken sind die Lebenswelten der warmen Tropengewässer mit Muränen, Anemonen-, Doktor- und Lippfischen zu sehen.

DAS DUNKLE HOBBY

DIE DÜSTERE SEITE DES AQUARIUMS

An den Küstenabschnitten, die Philip Henry Gosse in seinen Büchern beschreibt, führte die Jagd nach Pflanzen und Tieren zu einem regelrechten Raubbau. Zu Anfang des 20. Jahrhunderts hatte sich die Uferlandschaft sogar komplett verändert. Der bekannte Chronist der Tiefsee in der Gegenwart, James Hamilton-Paterson, macht ausdrücklich »die Zoologie mit einer stark religiösen Tendenz« für diese Entwicklung verantwortlich. 1907 nennt der Sohn von Philip Henry Gosse, Edmund Gosse, im Gegensatz zu seinem Vater ein überzeugter Darwinist, die Dinge in der von ihm verfassten Biografie beim Namen:

»Diese Felsenbecken, gesäumt von Korallenalgen, angefüllt mit stillem Wasser, das fast so klar war wie die Luft selbst, reich bestückt mit schönen, sensiblen Lebensformen – es gibt sie nicht mehr, alle sind sie profaniert und geleert und entwürdigt worden. Eine Armee von

> Sammlern ist über sie hergefallen und hat sie bis auf den letzten Winkel geplündert. Das Märchenparadies ist geschändet, die köstliche Frucht der Jahrhunderte natürlicher Selektion ist von der rohen Pranke(,) wohlmeinender, müßiger Neugier zerquetscht worden.
> Dass mein Vater, der doch so ehrfurchtsvoll, so konservativ war, durch die Popularität seiner Bücher die direkte Verantwortung für ein Unglück auf sich geladen hatte, das er in keiner Weise vorhersehen konnte, wurde ihm selber klar, bevor viele Jahre ins Land gegangen waren, und bereitete ihm große Pein.«

Bei allen Mühen bleibt das Aquarium ein Spiel von Natürlichem und Artifiziellem, ein materialisierter Traum vom Meer. Aber es ist auch ein Souvenir aus einer Zeit, als die Meere noch nicht dem Raubzug der Menschen ausgesetzt waren. Und in seiner Idee, die auf die maritime Arche Noah von Philip Henry Gosse zurückgeht, schloss es bereits vor genau einhundertfünfzig Jahren, als *The Aquarium* erschien, den Hinweis auf die Gefahr der Zerstörung der Meere mit ein. Zugleich sind die Bewohner des Aquariums Manifestationen des Traums von der Überwindung der Zeit, denn Fische, Quallen und andere Meerestiere gab es schon vor vielen Millionen Jahren.

Anders als viele der bunten Zierfische für das Süßwasser, lassen sich Meerestiere (trotz erheblicher Verbesserungen bei der Versorgung mit Plankton) oft nur sehr schwer züchten, meistens werden sie in der freien Natur gefangen. Der Clownfisch, bei uns mit dem Trickfilm Findet Nemo bekannt geworden, ist ein Beispiel für einen Meerwasserfisch, der in Gefangenschaft gezüchtet werden kann. Aber viele andere Fische wie der Mandarinenfisch oder der Putzerfisch werden wild gefangen und gehandelt, obwohl bekannt ist, dass sie sich nicht gut an die Bedingungen eines Aquariums und das erhältliche Futter gewöhnen können. Einige Korallenarten sterben innerhalb weniger Wochen, weil sie dort nicht ihre gewohnten Symbiosepartner oder Nährstoffe finden. Viele Salzwasserfische sind Pflanzenfresser, die sich von den auf den Korallenriffen wachsenden Algen ernähren. Wenn ersatzweise Blattsalat oder Spinat an sie verfüttert werden, fehlen ihnen Salze und Mineralien, die im Süßwassermilieu dieser Gemüsearten nicht vorkommen. Manche Hersteller von Fischfutter bieten allerdings Zusatzstoffe an, die diesen Mangel kompensieren helfen.

Ein großer Teil der Fangbemühungen erstreckt sich auf die Korallenriffe. Diese machen von ihrer Fläche her weniger als ein Viertelprozent der Meere aus, aber ihre biologische Vielfalt wird – außer von den tropischen Regenwäldern – kaum von einem anderen Ökosystem übertroffen. Die Fangaktivitäten setzen den Riffen, die sowieso schon durch die Verschmutzung und Ablagerungen, Bleichung (durch erhöhte Temperaturen) und Hobbytaucher (deren Boote manchmal dort Anker werfen) bedroht sind, noch weiter zu. Indem man Zyanid in die Korallenstöcke spritzt, lassen sich die begehrten Fische leichter einfangen. In Indonesien ist das bis heute gängige Praxis. Mit fatalen Folgen: Denn dadurch werden nicht nur die Fische betäubt, sondern auch die Korallen geschädigt. Neben der offensichtlichen Gefährdung der Taucher, die diese Operation ausführen, ist die Chance für die Fische, den Transport nach dieser Behandlung zu überleben, geringer – Untersuchungen zufolge verendet mehr als die Hälfte der Fische innerhalb weniger Tage, was den »Hunger« nach immer mehr Fischen weiter steigert, um die Verluste wettzumachen.

Das gewerbsmäßige Sammeln und der Export tropischer Meeresfische begann in den 1930er Jahren in Sri Lanka, nahm vom Umfang her nach dem Zweiten Weltkrieg zu und erstreckte sich dann bald auf Hawaii und die Philippinen. Heute zählen Indonesien, die Salomonen, Australien, Fidschi, die Malediven und Palau dazu. Alleine in Sri Lanka sind 50 000 Menschen am Export von Meerestieren beteiligt. Indonesien hat weltweit die höchste Vielfalt an Meerestieren und ist zugleich der führende Exporteur von Korallen und wirbellosen Arten für den Meerfisch-Zierfischhandel, mit Bali als Zentrum. Während Fische und Korallen vor wenigen Jahrzehnten noch in der Nähe der Dörfer gefunden werden konnten, müssen die Sammler inzwischen immer weiter hinausfahren, um Arten zu finden, die wegen der Überfischung in ihrer unmittelbaren Umgebung selten geworden sind.

Die Beschaffung der für die Meerwasseraquarien geeigneten Tiere ist ein Kampf gegen Raum und Zeit, der sehr häufig zu ihren Lasten ausgetragen wird. In Kübeln und Kanistern geht der Transport heute freilich nicht mehr vonstatten, nicht einmal per Schiff. Die Tiere werden in mit Wasser gefüllte Plastiktüten gesteckt und in Styroporboxen verstaut, die dann in Flugzeuge verladen und in alle Welt verschickt werden.

Der globalen Studie der Vereinten Nationen *From Ocean to Aquarium: The Global Trade in Marine Ornamental Species* (2003) zufolge werden pro Jahr mehr als 20 Millionen tropischer Fische und bis zu 12 Millionen Korallen für den Aquarienhandel gefangen. Diese Fänge umfassen fast 1500 Fischarten, mehr als 500 Arten wirbelloser Tiere – hauptsächlich Weichtiere, Garnelen und Anemonen – sowie 140 Arten von Steinkorallen. Der Fang tropischer Meerwasserfische ist ein lukratives Geschäft, sie sind das »Produkt« der Korallenriffe mit der höchsten Wertschöpfung. Ein Vergleich: Ein gutes Kilogramm Aquarienfische von den Malediven war im Jahre 2000 fünfhundert US-Dollar wert, dieselbe Masse Speisefisch nur sechs US-Dollar.

Der Marine Aquarium Council, eine internationale Organisation, die umweltverträglichere Standards für den Fang formuliert hat, bemüht sich um eine Änderung dieser Praktiken. Zum Beispiel gibt es auf den Philippinen spezielle Schulungsprogramme für den umweltverträglicheren Fang ohne den Einsatz von Zyaniden. Leider gibt es bis heute keinen Konsens unter Lieferanten, den Ankauf von Tieren zu boykottieren, die unter diesen gefährlichen Bedingungen gefangen wurden. Aber der Druck wird steigen; Korallenriffe stehen heute wie nie zuvor im Zentrum des Interesses von Naturschützern.

Menschen, deren Aufgabe es ist, kluge Strategien für den Umgang mit dieser Situation zu entwickeln, befinden sich in einem schwierigen Dilemma: Während sie einerseits versuchen, die ungewünschten ökologischen Folgeschäden dieser Industrie zu kontrollieren und zu begrenzen, erkennen sie zugleich, dass die Korallenriffe die Grundlage für das wirtschaftliche Überleben der Fischer sind. Von den erwirtschafteten Umsätzen bekommen die Fänger freilich nur einen Bruchteil.

Ein weiteres Erfordernis ist die Zertifizierung der Fänge von dritter Seite, um dem Käufer bei der Entscheidung zu helfen, nur solche Tiere auszuwählen, die auf umweltverträgliche Weise gefangen worden sind. Dem *Marine Aquarium Council* kann angerechnet werden, ein Schema mit klaren Kriterien entwickelt zu haben, wann ein Fang als umweltverträglich eingestuft werden kann und wann nicht. Eine zukunftsfähige Lösung bestünde freilich darin, den Teufelskreis zu brechen, für die Fischer neue Erwerbsquellen auszumachen und das weitere

Plündern der Korallenriffe zu überwinden – auch wenn das notwendigerweise zu Lasten der Meerwasseraquarianer ginge, für die es dann keinen Nachschub mehr gäbe. Vor allem in den USA werden inzwischen immer mehr Stimmen laut, die eine Durchsetzung schärferer Bestimmungen fordern oder sogar für ein Ende des Handels mit Tierarten aus Korallenriffen eintreten. Die *Sea Shepherd Conservation Society*, die mit ihren spektakulären Aktionen gegen Walfänge bekannt wurde, hat sich nun auch der Meerwasseraquaristik angenommen, die sie als »dunkles Hobby« bezeichnet.

»DER TRAUM IST DAS AQUARIUM DER NACHT.«

— VICTOR HUGO, *DIE ARBEITER DES MEERES*

WHAT AN AQUARIUM SHOULD BE.

Manche verfolgte das Aquarium bis in ihre Träume. *The Illustrated Sporting and Dramatic News*, 1876

ENTDECKUNGSREISEN

DAS AQUARIUM ALS TRAUM

In seiner Sternstunde war das Aquarium ein Abenteuer. Der Aquarist entnahm die marinen Lebewesen – bald über den Umweg von Lieferanten und Händlern – der Natur und brachte sie bei sich im Labor oder im Wohnzimmer in eine neue Ordnung – das Meer kam nach Hause. Zu derselben Zeit begannen Forscher, systematisch das Leben im Ozean zu erforschen. Bis dahin war die submarine Landschaft eine Terra incognita, um die sich Spekulationen und Phantasien rankten. Das Meerwasseraquarium, das ursprüngliche Aquarium, zähmte diese Gedanken und befriedigte das Interesse an der fremden Unterwasserwelt. Es komprimierte sie zu einem leicht fassbaren Ganzen, einem ozeanischen Garten *en miniature*. Die »Meer-Menagerie« wurde, wie Arthur Mangin es formulierte, das »Mittel der Wissenschaft, uns den Scenen der unterseeischen Welt beiwohnen zu lassen.« Die Ungereimtheiten und Ungewissheiten, welche die Ozeane mit sich tragen, wurden auf das Aquarium projiziert. Daher bezog das Aquarium seine Energie,

Dynamik und Popularität. Zunächst waren es vor allem die für die Evolutionstheorie wichtigen wirbellosen Meerestiere, die das Aquarium bevölkerten. Als man Gefallen an mehr Bewegung im Becken entwickelte und besser mit ihnen umzugehen lernte, spielten zunehmend Fische eine Rolle. Da die Pflege des Süßwasseraquariums einfacher war, bildete sich damit neben dem Meerwasseraquarium eine zweite, »entschärfte« Variante heraus.

Moden kommen und gehen, das Aquarium ist geblieben. Diese Entwicklung verlief jedoch nicht kontinuierlich. Viele wussten nicht, wie sie die technischen Probleme lösen sollen, der häufige Wasserwechsel wurde auf Dauer lästig, »die reinlichkeitsliebenden Hausfrauen sahen die fortwährende Wässerei mit schelen Blicken an, den meisten Aquarianern wurde die Liebhaberei wieder verleidet und die Aquarien, die in so viele Familien Eingang gefunden hatten, verschwanden wieder«, erinnert sich Friedrich Knauer in der *Naturwissenschaftlichen Wochenschrift* von 1907. Das veränderte sich, als in Deutschland und den Vereinigten Staaten – hier entfaltete die Aquaristik ihre stärkste Dynamik – ab den 1880er-Jahren Vereine gegründet und Zeitschriften herausgegeben wurden, die den Mitgliedern Gelegenheit gaben, sich auszutauschen. In dem Maße, wie das Aquarium sich verbreitete, populär wurde, verwirklichte sich eine kleine Demokratisierung des Wissens über die Natur. Es wurde zu einem der beliebtesten Apparate für naturkundliche Beobachtung, setzte kein mathematisches Grundverständnis voraus. In diesem Punkt unterschied es sich von Physik und Astronomie, die parallel eine große Popularität erlebten. Auch wenn mit seinen eigenen Komplikationen befrachtet, kam der »Ozean im Glase« gerade recht, um dem sich immer schneller verbreitenden Interesse an der Natur zu entsprechen und eine Leerstelle zu füllen.

Das Aquarium vollzog einen erstaunlichen Funktionswandel: War es bei Warington und den Vorläufern (»Proto-Aquaristen«) wie Jeannette Villepreux-Power noch ein Instrument der Wissenschaft, setzte Gosse das Aquarium zu religiösen Zwecken ein. In Deutschland angekommen, funktionalisierte Emil Roßmäßler das Aquarium als Medium naturwissenschaftlicher Belehrung. Zu einer Angelegenheit von Hobbyforschern in Pantoffeln geworden, konkurrierten diese bald leidenschaftlich um die schönsten und seltensten Fische. Das Aquarium entwickelte sich zu einer eigentümlichen Mischung von Geschäft und Populärwissenschaft, wobei der Aspekt der Belehrung noch vor der Jahrhundertwende deutlich hinter dem der Unterhaltung und Zerstreuung an den »fremdländischen Zierfischen« zurücktrat. Parallel entkoppelte sich das auf diese Weise unterhaltene private Süßwasseraquarium von den weitreichenden Assoziationen der submarinen Welt. Aus anderer Perspektive schloss sich ein Bogen: Ergab sich die Beliebtheit und Verbreitung des Goldfisches aus den Entdeckungsreisen, war das Aquarium später eine Erfindung der Wissenschaft, bis mit der Konzentration auf die exotischen Zierfische, die oft nicht zu Hause nachgezüchtet, sondern importiert werden mussten, wieder die räumliche Bewegung in den Vordergrund trat.

Beim Übergang vom privaten zum öffentlichen Aquarium veränderten sich die Dimensionen, was ganz andere Möglichkeiten der Inszenierung und Dramaturgie nach sich zog. Es gab eine nüchterne Form und eine andere, bei der die Grotte eine

Der elektrische Spazierstock

Renaissance erlebte. Das Aquarium wurde zur kollektiven Erfahrung, die ihr Pendant in den Jahrmärkten, Völkerschauen und Museen fand.

Alles hätte ganz anders kommen können. Die in London, Paris und Berlin verlegten Publikumsjournale der zweiten Jahrhunderthälfte, die Vorläufer der modernen Illustrierten, quollen über an »bahnbrechenden« neuen Erfindungen. Bei Licht betrachtet scheint der »Ocean auf dem Tische« gar nicht so viel weniger paradox als »der zusammenlegbare Vogelkäfig«, »der elektrische Spazierstock« oder »das fliegende Schiff.« Weil er so gut in die Zeit passte und von so unterschiedlichen Faktoren wie boomender Naturwissenschaft, Meeres-

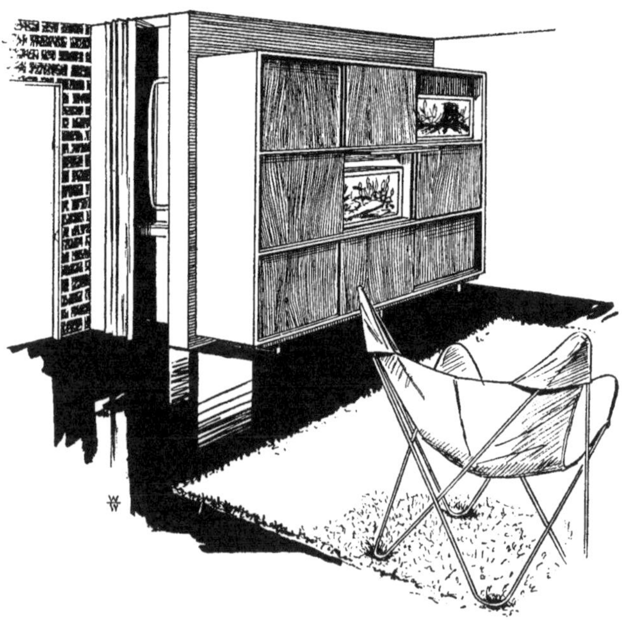

1960er-Jahre: Aquarium, in die Schrankwand integriert

und Sammellust, ökonomischem Interesse und Vereinswesen genährt wurde, landete dieser Apparat jedoch im Gegensatz zu vielen anderen nicht auf der Dachkammer. Schnell wurde das Aquarium zum Thema und nachhaltig so in den verschiedenen Diskursen verankert und legitimiert, dass es innerhalb weniger Jahre als die natürlichste Angelegenheit der Welt erschien, die kaum jemand zu hinterfragen wagte.

Oft wird das private Aquarium belächelt. Das ist auch dem für viele Aquarianer typischen Charakter geschuldet, dessentwegen sie sich mit aller Energie und allzu oft leider unter Ausblendung der Konsequenzen ihres Tuns verbissen ihrem Steckenpferd verschreiben – damals wie heute.

Der Wunsch und die Anstrengung, zu sammeln und eine Welt im Kleinen zu schaffen, haben sich bis heute nicht erschöpft. Es ist jedoch problembeladener, und das nicht nur vor dem Hintergrund der ökologischen Konsequenzen. Das Bewusstsein von dem, was »das Ganze« des Ozeans eigentlich darstellt, hat sich verändert, ist nicht mehr so von Naivität geprägt wie noch im 19. Jahrhundert. Heute stellt sich die Frage, welchem Ordnungsprinzip eine Sammlung gehorcht, warum genau diese Objekte da hineingehören und nicht andere. Vielleicht sterben die Setzkästen, die kunstvoll arrangierten Ministuben, Schneekugeln und Wohnstuben-Aquarien, in denen eine friedliche und intakte Welt simuliert werden soll, einmal aus. Bis dahin fristen sie ihr Dasein als naiv-ironischer Zusatz einer schon mit Lavalampe und Fledermaussessel ausgestatteten Wohnung.

Aquarium, Aquarius: Die neue Zeit hat begonnen. Zum ultramodernen Ozeanarium, das die Erfolgsgeschichte des Aquariums im 21. Jahrhundert fortschreibt, ist es nur ein kleiner

Schritt. Hier wird das gute alte Aquarium auf die Spitze getrieben, radikalisiert. Die Meerestiere betrachten auch die Menschen und nicht mehr nur die Menschen die Fische. Bloß durch eine dünne Glaswand von Haien und Rochen getrennt, wandeln kleine und große Besucher durch einen von Stille gesättigten, transparenten Tunnel. Vielleicht ziehen die Menschen schon im 22. Jahrhundert ganz in den Ozean. Dann vollzieht sich der letzte Schritt in der Formengeschichte des Aquariums: Das Verhältnis kehrt sich um und der Gegensatz von Mensch und Meer löst sich auf. Nicht mehr nur der Swimmingpool ist dann das Aquarium für Menschen, sondern der Ozean selbst.

AUFTAUCHEN

EIN JUGENDBUCH

1869 veröffentlicht der bekannte Berliner Satiriker Adolf Glaßbrenner unter dem Pseudonym Julius Reymhold *Die Reise ins Meer. Ein Aquarium für die wissbegierige Jugend.* Wie kaum sonst woanders, skizziert dieses Buch über eine in Reimen erzählte Geschichte die ganze Topografie von Meereskunde und Aquarium. Wie in einem Traum passieren die Themen und Obsessionen Revue.

Da erzählen ein Hummer und eine Auster, denen das Schicksal als Mahlzeit eines reichen Herrn beschieden ist, den vom Koch im Glas gehaltenen »Junker grün« von den wunderbaren Abgründen des Meeres. Das weckt die Wanderlust des Laubfroschs:

»Ist das Meer so reich und schön,
Wie ihr sagt, will ich es sehn;
Daß auch ich einst sagen kann:
Bin ein weit gereister Mann!«

Bei Vollmond flieht er aus dem Glas, funktioniert ein Blatt zum Boot um und gelangt bald auf das Meer. Gerade dort angekommen, wird er jedoch gleich wieder an den Strand geworfen. Verzweifelt und voller Sehnsucht nach den »Zaubergärten«, von denen ihm der Hummer berichtete, trifft er auf eine Schildkröte. Sie fordert ihn auf, sie bei der Suche nach ihrem verloren gegangenen Sohn in das Muschelreich zu begleiten. Jetzt beginnt die richtige Reise ins Meer. Ihre erste Station ist der Perlensaal, dann gelangen sie ins Reich der Krebse, schließlich pausieren sie zunächst im Tangwald.

»Wohl ist kein Duft gegeben
Den Blüthen hier im Meer,
Doch fühlen Sie und leben,
Und wandeln hin und her.
Kein Reh huscht in den Büschen,
Kein Vöglein durch den Wald,
Doch wimmelt er von Fischen
Und Thierlein mannigfalt.
Und sind sie auch mitunter
Von seltsamer Gestalt,
So sind sie doch so munter

Wie droben in dem Wald.
Seepferdchen und Seesternchen
Sind so vergnügt, mein Kind,
Wie Finken und Eichhörnchen
In Buchenwipfeln sind.«

Im Muschelreich

Während ihrer Reise stoßen sie auf Zeichen, welche die Menschen hinterlassen haben. Zuerst auf das unterseeisch von einem Land zum anderen gespannte Kabel, später auf das Schiffswrack eines Hamburger Kaufherrn und auch auf ein Unterseeboot. Sie erfahren von der Verschwörung der Fische und reiten stolz wie des Meeres König durch das Tor ins Reich der Korallen, wo sie zu einem Kaviarfrühstück eingeladen werden. Um Mitternacht lernen sie das Meerleuchten in der Welt der Quallen kennen – die Illumination.

Am Ende ihrer Reise werden sie von einem Taucher, der in einer massiven Glocke in die Tiefe hinabgestiegen ist, zusammen mit dem wieder gefundenen Sohn mit einem Schleppnetz eingefangen und auf den Marktplatz gebracht:

»In eine Stadt am Meeresstrand
Bracht' man zu Markt das Freundespaar
Ein Fremder kauft es hier, der war
Von Dr. Brehm zum Strand gesandt,
Um Muscheln, Quallen, Seegethier
Zu kaufen und zu sammeln hier;
Die er nebst andern Wunderdingen
In sein Aquarium wollte bringen.«

Die Reise ins Meer findet ein abruptes Ende. Vom Meer gehts nach Hause, der Bogen schließt sich. Auf der letzten Illustration des Buches sitzen Frosch und Schildkröte schwelgend am Rand des Felsenaquariums. Nostalgie und Trauer über den Verlust der Meereswelt sind Bestandteil der Erfahrung des Aquariums. Und, so der begleitende Text der Geschichte weiter:

»Wenn sie keiner hört und sieht, dann singen sie das alte Lied:

Ach das Tummeln, ach das Bummeln
In der See, wie war es süß!
Durch die Hallen von Korallen,
Durch das blaue Paradies!
Wo die Quallen gleich Crystallen,
Wo der Fische muntres Heer;
Wo die schönen Anemonen
In den stillen Grotten wohnen,
-- O, wie schön ist es im Meer!«

Das Meeresleuchten verleiht der Unterwasserwelt eine besondere Anmutung

L'ÉTOURDISSANT PETIT POISSON...

Robe d'été

NACHWORT

Als dieses Buch zum ersten Mal 2003 erschien, kam *Findet Nemo* wenige Monate später in die Kinos – die Geschichte eines Anemomenfisches (auch Clownfisch genannt), der von einem Taucher eingefangen wird, woraufhin sich Nemos Vater Marlin mit Hilfe anderer Meeresbewohner auf die Suche nach seinem Sohn macht. Nach vielen abenteuerlichen Wendungen wird Nemo aus dem Aquarium eines Zahnarztes gerettet, indem er durch ein Abflussrohr ins Meer gespült wird.

Der *World Wildlife Fund* sah sich dann schon zum Kinostart genötigt, davor zu warnen, es dem im Film Dargestellten gleichzutun.

Der damals rekordverdächtig erfolgreiche Animationsfilm bewirkte nicht nur einen Anstieg der Touristenzahlen an der australischen Ostküste, sondern zog – man mag das als Paradox empfinden – auch eine enorme Nachfrage nach diesen schönen Fischen nach sich: Viele Kinder wollten Clownfische nun auch im heimischen Aquarium bewundern können, obwohl die Haltung mit etlichen Herausforderungen verbunden ist, was auch schon im Film thematisiert wurde. Durch die Erhöhung der

Fangquote an den Riffen des Südsee-Archipels Vanuatu waren diese bald überfischt.

Während der mehr als zwei Jahrzehnte, die seitdem vergangen sind, hat sich die Lage an den Riffen vielerorts in der Welt dramatisch verschärft, nicht nur durch das Abfischen von Tieren für Aquarien, sondern auch durch generelle Überfischung, Verschmutzung und Erwärmung. Die Überlebensfähigkeit dieser einzigartigen Ökosysteme steht auf dem Spiel.

Immerhin haben seit über zwanzig Jahren Umweltschutzorganisationen den Handel mit in vielen Fällen vom Aussterben bedrohten Meerwassertieren im Visier. Ebenfalls schon 2003 wurde die zuvor erwähnte UN-Studie »From Ocean to Aquarium« veröffentlicht. Seinerzeit gingen die Verfasser von einem jährlichen Umsatz von 330 Millionen US-Dollar und etwa zwei Millionen Aquarianern weltweit aus, die sich auf die Haltung von Fischen und anderen Tieren in Meerwasserbecken spezialisiert haben. Wie ging es weiter? Vieles befindet sich bis heute in einer Grauzone. Eine 2023 publizierte Untersuchung der Fachzeitschrift *Science Advances* (»Can the global marine aquarium trade be a model for sustainable coral reef fisheries?«) beziffert den Marktwert der jährlich gehandelten Tiere – man geht von einer Gesamtzahl von 55 Millionen aus – inzwischen sogar auf 2,15 Milliarden US-Dollar. Während die Wissenschaftler prophezeien, dass die Nachfrage immer weiter steigen wird, fordern sie nachhaltiges Handeln bei Aufzucht und Fang der Tiere. »Wir wissen, dass der Handel mit Meerwassertieren eine Belastung für wichtige Lebensräume darstellt, aber er kann auch dazu beitragen, den Enthusiasmus für den Meeresschutz zu wecken, und es ist eine wertvolle Einkommensquelle für viele Gemeinden«, schreibt der leitende Autor der Studie Gordon Watson von der University of Portsmouth beschwichtigend. Watson und seine Kollegen meinen voraussehen zu können, dass nun mehr und mehr Tiere in künstlich angelegten Aquakulturen aufgezogen und auf diese Weise die natürlichen Lebensräume geschont werden. Der Handel mit Meerwassertieren für Aquarien ist freilich nur eine Komponente des Fischfangs weltweit, der sich seit etwa dreißig Jahren in gleichbleibendem Umfang bewegt – viele Fischarten gelten heute als überfischt.

Es geht also alles weiter wie bisher – mehr oder weniger. Auch die Faszination der Ozeanarien ist ungebrochen, die Liste wird immer länger und immer noch um einen Rekord bereichert. Als größtes Schauaquarium der Welt gilt heute das Chime-Long Ocean Kingdom im chinesischen Zhuhai, wo das größte Becken ganze 22,7 Millionen Liter Wasser umfasst.

Tierschützer kritisieren immer wieder die Lebensbedingungen in den verschiedenen Einrichtungen – ob Aquarien, Ozeanarien oder »Seaquariums« – in manchen Fällen mit Erfolg. Wegweisend sollte der Fall des »Lolita« oder auch »Toki« genannten Schwertwales sein, der im Miami Seaquarium ein halbes Jahrhundert lang als Hauptattraktion galt. Im März 2023 wurde bekannt gegeben, dass das auch sensationsträchtig als »Killerwal« bezeichnete Tier in die Gewässer des pazifischen Nordwestens ausgewildert werden sollte. Dazu kam es allerdings nicht mehr, weil »Lolita« wenige Monate später kurz vor der geplanten Freilassung verstarb.

Berechnungen der deutschen Heimtierverbände zufolge liegt die Zahl der schwieriger zu betreibenden Meerwasseraquarien bei etwa 88 000, die Gesamtzahl der Heimaquarien, also Süßwasser- und Meerwasseraquarien zusammengerechnet, bei etwa zwei Millionen. Zumindest gefühlt ist die Zahl der Aquarien in den Wartezimmern von Ärzten und in chinesischen Restaurants während der letzten Jahrzehnte zurückgegangen. Als 2023 der 16 Meter hohe Berliner »Aquadom« platzte und sich die Fische und eine Million Liter Wasser in die Umgebung ergossen, führte das der Öffentlichkeit deutlich vor Augen, wieviel technische Kompetenz und Materialverständnis erforderlich ist, um diese künstlichen Welten zu schaffen und zu erhalten.

Bei allem gilt: Die Faszination der Menschen für das Meer und ihre oft geheimnisvollen Bewohner ist ungebrochen. Anders als im 19. Jahrhundert gibt es heute viele Hobbytaucher, die sich die Tiere gerne vor Ort in ihrer natürlichen Umwelt beschauen. Und immer wieder einmal werden oft bizarr geformte Lebewesen aus der Tiefsee gehoben (oder nur dort beobachtet), die vorher niemand gesehen hat und deren Existenz man nicht einmal erahnte. Allerdings, und das gibt Anlass zu Hoffnung, löst das nicht immer gleich den Reflex aus, sich diese Schätze nach Hause bzw. ins Ozeanarium zu holen!

LITERATUR

Allen, David Elliston. The Naturalist in Britain. A Social History. Harmondsworth 1976

Allen, David Elliston. »Tastes and Crazes.« In: Jardine, N. et al. Cultures of Natural History. Cambridge 1996

Arnal, Claude. La Dame des Argonautes. Juillac 1994 (Aufsatz)

Arnal, Claude. Jeanne Villepreux-Power. Une femme de science oubliée. Juillac 1995 (Aufsatz)

Bachelard, Gaston. Poetik des Raumes. Frankfurt am Main 1987

Bade, Ernst. Der Goldfisch, seine Naturgeschichte, seine Erhaltung, Pflege und Zucht in der Gefangenschaft. I. Band. Berlin 1894

Baldner, Leonhard. Vogel-, Fisch- und Thierbuch. Strassburg 1666

Baratay, Eric und Hardouin-Fugier. Zoo. Von der Menagerie zum Tierpark. Berlin 2000

Barber, Lynn. The Heyday of Natural History 1820–1870. New York 1980

Bauer, Wilhelm. »Ueber Submarine-Apparate und Fahrzeuge«. In: Amtlicher Bericht über die 40. Versammlung deutscher Naturforscher und Ärzte. Hannover 1866

Bechstein, Johann Matthaeus. Naturgeschichte der Stubenthiere – zweiter Band. Gotha 1797

Beebe, William. 923 Meter unter dem Meeresspiegel, Leipzig 1935

Biella, Edgar. »Das Berliner Aquarium Unter den Linden/Schadowstraße. Zur Konzeption des Rundganges und Bedeutung des Grottenstils als Ausstellungsarchitektur.« In: Der Bär von Berlin, 2000

Bredekamp, Horst. »Wasserangst und Wasserfreude in Renaissance und Manierismus.« In: Böhme, Hartmut. Kulturgeschichte des Wassers. Frankfurt am Main 1988

Brunner, Bernd. »Neger, Tiere, Sensationen – Mit der Stadtbahn in die Kolonien«. In: Form + Zweck – Zeitschrift für Gestaltung, 1995

Coomans, Henry E. »Conchology before Linnaeus.« In: Impey, Oliver et al. The Origins of Museums. The Cabinet of Curiosities in Sixteenth- and Seventeenth-Century Europe. New York/Oxford 1985

Corbin, Alain. Meeereslust. Das Abendland und die Entdeckung der Küste 1750–1840. Berlin 1990

Daum, Andreas W. Wissenschaftspopularisierung im 19. Jahrhundert. München 1998

Delumeau, Jean. Angst im Abendland. Die Geschichte kollektiver Ängste im Europa des 14. bis 18. Jahrhunderts. Hamburg 1985

Drouin, Jean-Marc und Bensaude-Vincent, Bernadette. »Nature for the People.« In Jardine, N. et al. Cultures of Natural History. Cambridge 1996

Fischer, Albert. Juwelen des Siebenten Kontinents – Schönheit und Geheimnis der Tierwelt des Meeres. Wien und München 1975

Führer durch das Berliner Aquarium. Herausgegeben von der Direction. Berlin 1902

Frey, Hans. Das Aquarium von A bis Z. Radebeul 1973

Gautier, Théophile. Paris et les parisiens. Paris 1996

Geyer, Wilhelm. Katechismus für Aquarienliebhaber. Magdeburg 1892

Glade, Heinz. Das Rätsel der blauen Scalare. Von Fischern und Züchtern. Berlin 1966

Glaschker, A. Jubiläums-Katalog. Leipzig 1925

Glaser, Hermann. Industriekultur und Alltagsleben. Vom Biedermeier zur Postmoderne. Frankfurt am Main 1994

Gosse, Edmund. Father and Son. London 1907

Gosse, Philip Hery. A Naturalist's Rambles on the Devonshire Coast. London 1853

Gosse, Philip Henry. The Aquarium: An Unveiling of the Wonders of the Deep Sea. London 1854

Greenpeace-Magazin. »Gefährliche Liebschaft – Für ihr Hobby nehmen Meeres-Aquarianer fast jeden Preis in Kauf – und keine Rücksicht auf die Umwelt. Korallenriffe und Artenvielfalt bleiben beim Handel mit exotischen Fischen auf der Strecke.« Ausgabe 06/2001 (Text ist über das Archiv zugänglich: www.greenpeace-magazin.de)

Hamilton-Paterson. Seestücke. Das Meer und seine Ufer. Stuttgart 1995

Hart-Davis, Adam. Das fliegende Schiff und andere Erfindungen, die fast funktionierten. München 2001

Harter, Ursula. »Le paradis artificiel – Aquarien, Leuchtkästen und andere Welten hinter Glas.« In: Kemp, Wolfgang et al. (Hg.). Vorträge aus dem Wartburg-Haus 6. Berlin 2002

Aquaria: In Kunst, Literatur und Wissenschaft. Heidelberg 2014

Hartwig, Georg. Das Leben des Meeres. Glogau 1862

Heesen, Anke te. Der Weltkasten. Die Geschichte einer Bildenzyklopädie aus dem 18. Jahrhundert. Göttingen 1997

Hibberd, Shirley. Rustic Adornments for Homes of Taste. London 1856

Hoffmann, Reinhold Eduard. Seewasser-Aquarien im Zimmer. Magdeburg 1886

Jacobs, K. Die lebendgebärenden Fische der Süßgewässer. Frankfurt am Main / Zürich 1969

Jäger, Gustav. Das Leben im Wasser und das Aquarium. Stuttgart 1868

Jahn, Ilse (Hg.). Geschichte der Biologie. Berlin 2000

Junker, Thomas und Hoßfeld, Uwe. Die Entdeckung der Evolution. Eine revolutionäre Theorie und ihre Geschichte. Darmstadt 2001

Kearley, George. Links in the Chain; or Popular Chapters on the Curiosities of Animal Life. London 1862

Keller, Conrad. Das Leben des Meeres. Leipzig 1895

Keller, Otto. Die antike Tierwelt (zweiter Band). Leipzig 1913

Kisling, Vernon N. Jr. (Hg.). Zoo and Aquarium History. Ancient Animal Collections to Zoological Gardens. Boca Raton London New York Washington 2001

Klasing, Otto. Das Buch der Sammlungen. Bielefeld und Leipzig 1883

Klee, Albert J. The Toy Fish. A History of the Aquarium Hobby in America – The First One-Hundred Years. Pascoag 2003

Knauer, Friedrich. »Vergangenheit, Gegenwart und Zukunft der Aquarienkunde.« In. Naturwissenschaftliche Wochenschrift v. 24.03.1907, Nr. 12

Koch, Anton. Symbiose – Partnerschaft fürs Leben. Frankfurt am Main 1976

Kuhn, Franz. Der kleine Goldfischteich. Leipzig 1935

Lampert, Kurt. Das Leben im Binnengewässer. Leipzig 1925

Leeuwen, Thomas A. P. The Springboard in the Pond. An Intimate History of the Swimming Pool. Cambridge 1998

Lloyd, W. Alford. A List with Descriptions, Illustrations and Prices of Whatever Relates to Aquaria. London 1858 (Verkaufskatalog)

Lutz, K. G. Das Süßwasser-Aquarium und Das Leben im Süßwasser. Stuttgart 1886

Mangin, Arthur. Der Ocean, seine Geheimnisse und Wunder. Berlin, 1866

Mangin, Arthur. Les Jardins. Paris 1868

Marshall, William. Die Tiefsee und ihr Leben. Leipzig 1888

Marshall, William. Die deutschen Meere und ihre Bewohner. Leipzig 1895

Meignan, Christian. Histoire des Poissons d'Ornement. Université de Caen 2002 (unveröffentlichte Arbeit)

Mostar, Herrmann. Die Arche Mostar von ihm selbst gezimmert. Die Geschichte der Stubentiere und die Stubentiere in der Geschichte. Stuttgart 1959

Mulertt, Hugo. The Goldfish and its Systematic Culture with a View to Profit. Brooklyn 1883

Nitsche, Paul. Der Import von lebenden Fischen. Berlin 1901

Olalquiaga, Celeste. The Artificial Kingdom. A Treasury of the Kitsch Experience. New York 1998

Ortleb, A. und G. Das Süßwasseraquarium und Terrarium. Anleitung zur Herstellung von Aquarien und Terrarien, Springbrunnen, Laubfrosch- und Goldfischgläsern. Berlin 1886

Pomian, Krzysztof. Der Ursprung des Museums. Vom Sammeln. Berlin 1998

Praschag, Reiner. »Aquarien- und Terrarienbauten.« Graz 1986 (unveröffentlichte Arbeit)

Rebière, A. »Madame Power, une naturaliste oubliée.« In: Bulletin de la Société des Lettres, Sciences et Arts de la Corrèze. Heft 21, 1899

Rehbock, Philip F. »The Victorian Aquarium in Ecological and Social Perspective.« In: Oceanography: the Past. New York, Heidelberg, Berlin 1980

Rieck, Werner (Hg.). Mertensiella. Die Geschichte der Herpetologie und Terrarienkunde im deutschsprachigen Raum. Rheinbach 2001

Roßmäßler, Emil Adolf. Das Süsswasseraquarium 1857

Reymhold, Julius. Die Reise in's Meer. Ein Aquarium für die wißbegierige Jugend. Berlin1869

Die Schweizerische Landesausstellung (Führer ohne Autorenangabe). Zürich 1883

Scherpner, Christoph. Von Bürgern für Bürger. 125 Jahre Zoologischer Garten Frankfurt am Main. Frankfurt am Main 1983

Scherren, H. The Zoological Society of London. London 1905

Schlee, Susan. A History of Oceanography. The Edge of an Unfamiliar World. London 1975

Schleiden, Matthias Jacob. Das Meer. Berlin 1867

Sonrel, Léon. Le fond de la mer. Paris 1868

Spary, E. C. Codes der Leidenschaft. Französische Vogelsammlungen als eine Sprache der vornehmen Gesellschaft im 18. Jahrhundert. In: Heesen, Anke te und Spary, E. C. Sammeln als Wissen. Göttingen 2001

Steele, John H. et al. Encyclopedia of Ocean Sciences. London 2001 (Stichwort »History of Ocean Sciences«)

Stott, Rebecca. »Through a Glass Darkly: Aquarium Colonies and Nineteenth-Century Narratives of Marine Monstrosity.« In: »Gothic Studies«, Vol. 2 Issue 3, 2000

Theatres of Glass: The Woman who brought the Sea to the City. London 2003

Thorndike, Joseph J. Mysteries of the Deep. New York 1980

Thwaite, Anne. Glimpses of the Wonderful. The Life of Philip Henry Gosse. London 2002

Ussner, Alexander. Kurze Darstellung des Thier- und Pflanzenlebens im Meere als Erklärung für den Aquarien-Salon Wien Stadt Michaelerplatz No. 2. Wien 1860

Vennen, Mareike. Das Aquarium: Praktiken, Techniken und Medien der Wissensproduktion. Göttingen 2018

Wiese, Josef. Das Meer: geographische, naturgeschichtliche und volkswirtschaftliche Darstellung des Meeres und seiner Bedeutung in der Gegenwart. Berlin 1907

Wilcke, E. Aquarien und Terrarien. Duderstadt 1885

Zacharias, Otto (Hg.). Die Tier- und Pflanzenwelt des Süsswassers. Leipzig 1891

ZEITSCHRIFTEN UND ZEITUNGEN

Das Buch für Alle – Illustrierte Familien-Zeitung zur Unterhaltung und Belehrung

Blätter für Aquarien- und Terrarien-Freunde

Deutsche Bauzeitung

Die Gartenlaube

L'Illustration – Journal universel

Isis – Zeitschrift für alle naturwissenschaftlichen Liebhabereien

Lokal-Anzeiger (Berlin)

Le magasin pittoresque

Vossische Zeitung (Berlin)

BILDNACHWEIS

12	Popular Science Monthly, 1889 https://de.m.wikipedia.org/wiki/Datei:PSM_V35_D674_Capture_of_a_giant_squid.jpg
14 beide	Beebe, William. 923 Meter unter dem Meeresspiegel. Leipzig 1935
20/21	Haeckel, Ernst. Arabische Korallen im Roten Meer. Berlin 1876
24	Vincent, Levinus. Wondertooneel der Natuur. 1715 https://commons.wikimedia.org/wiki/File:Vincent,_Levinus_(1715)_Wondertooneel_der_natuur_-Tome_2-_0295.jpg
27	Eisen Keisai, Beauty Holding a Goldfish Bowl, ca. 1830–1840
30	Kuhn, Franz. Der kleine Goldfischteich. Leipzig 1935
35	Bechstein, Johannes Matthäus. Naturgeschichte der Stubenthiere. Gotha 1797
36	Hartwig, Georg. Das Leben des Meeres: Eine Darstellung für Gebildete aller Stände. Glogau 1862
37	Archiv Claude Arnal

42	Gosse, Philip Henry. The Aquarium: An Unveiling of the Wonders of the Deep Sea. London 1854
45	Wikipedia https://en.wikipedia.org/wiki/Philip_Henry _Gosse#/media/File:PhilipHenryGosse,1855.jpg
47 beide 50, 53, 57	Gosse, Philip Henry. The Aquarium: An Unveiling of the Wonders of the Deep Sea. London 1854
59	Cassell's Household Guide, Band IV. London, New York 1869
62 oben	Cartoon of the Season: No. 7. The Seaside Sirens, ca. 1855
64 oben	Kearley, George. Links in the Chain; or Popular Chapters on the Curiosities of Animal Life. London 1862
64 unten	Keller, Conrad. Das Leben des Meeres. Leipzig 1895
66	Hartwig, Georg. Das Leben des Meeres: Eine Darstellung für Gebildete aller Stände. Glogau 1862
68	Die Gartenlaube, 1867
71	Die Gartenlaube, 1865
72	Blätter für Aquarien- und Terrarienfreunde, 1890
74	Roßmäßler, Emil Adolf. Das Süßwasser-Aquarium, Leipzig 1857
75	Die Gartenlaube, 1865
84	Mulertt, Hugo. The Goldfish. Brooklyn 1883
88, 89	Nitsche, Paul. Der Import von lebenden Fischen. Berlin 1901
91	Jubiläumskatalog A. Glaschker, 1925
95	Ortleb A. und G. Das Süßwasseraquarium und Terrarium. Berlin 1886

97 unten	Jubiläumskatalog A. Glaschker, 1925
97 oben	Scherpner, Christoph. Von Bürgern für Bürger. 125 Jahre Zoologischer Garten Frankfurt am Main 1983
102	Wilcke, E. Aquarien und Terrarien. Duderstadt 1885
104	Naturwissenschaftliche Wochenschrift, 1889
106	Weekly Welcome, London 1879
110	Scherren, Henry. The Zoological Society of London. London 1905
111 beide	Le magasin pittoresque, 1855
115	Gartenlaube 1865
117	Aquarium d'eau de mer. L'Exposition Universelle, Paris 1867
119, 122	Deutsche Bauzeitung 1869
124	Archiv Lee Finley
125, 126, 127	Scribner's Monthly, 1877
128	La Nature, 1900
130	Library of Congress https://de.m.wikipedia.org/wiki/Datei:Brighton_aquarium_photochrom.jpg
131 unten	Die Gartenlaube, 1893 https://commons.wikimedia.org/wiki/File:Die_Gartenlaube_%281893%29_b_757.jpg
133	Georgia Aquarium
134 oben	Ozeanarium Lissabon
134 unten	Wikimedia https://de.m.wikipedia.org/wiki/Datei:Aqu_rio_Vasco_da_Gama_(Portugal)_(80884059).jpg

144	The Illustrated Sporting and Dramatic News, 1876
148 oben	Naturwissenschaftliche Wochenschrift, 1889
152, 154, 155, 157	Reymhold, Julius. Die Reise in's Meer: Ein Aquarium für die wißbegierige Jugend, Berlin 1869
158	Barbier, George. »L'Etourdissant petit poisson, robe d'été« aus Gazette du Bon Ton, Nr. 5, 1914) https://commons.wikimedia.org/wiki/File:Gazette_du_Bon_Ton,_1914_-_No._5,_Pl._44_L%27%C3%A9tourdissant_petit_poisson,_Robe_d%27%C3%A9t%C3%A9,_RP-P-2009-1938-3.jpg?uselang=de

Alle anderen Illustrationen stammen aus dem Archiv des Autors: 16, 18, 25, 39, 40, 62 unten, 77, 79, 96, 98, 131, 148 unten